JIZHONG

JIAQIN CHANGJIANBING DE

ZHENDUAN YU FANGZHI

几种**家禽常见病**的诊断与防治

柳贤德◎著

中国原子能出版社

图书在版编目（CIP）数据

几种家禽常见病的诊断与防治 / 柳贤德著 . –– 北京：
中国原子能出版社 , 2017.6

ISBN 978-7-5022-8186-1

Ⅰ . ①几… Ⅱ . ①柳… Ⅲ . ①禽病 – 诊断 Ⅳ .
① S858.3

中国版本图书馆 CIP 数据核字（2017）第 145828 号

几种家禽常见病的诊断与防治

出版发行	中国原子能出版社（北京市海淀区卓成路 43 号 100048）
责任编辑	王　朋
责任印刷	潘玉玲
印　　刷	三河市天润建兴印务有限公司
经　　销	全国新华书店
开　　本	787 毫米 *1092 毫米　1/16
印　　张	9
字　　数	152 千字
版　　次	2018 年 1 月第 1 版
印　　次	2018 年 1 月第 1 次印刷
标准书号	ISBN 978-7-5022-8186-1
定　　价	42.00 元

网址：http://www. aep. com. cn　　E-mail:atomep123@126.com
发行电话：010-68452845

前 言
PREFACE

随着我国家禽养殖技术的不断提高，我国的家禽养殖户的数量不断的增加，给农民带来了较高的经济收入，并逐渐向规范化和科学化发展。家禽在养殖过程中，养殖的密度直接决定着出现疫情之后的合理和科学。但是在家禽养殖过程中，很多常见家禽疾病的爆发给养殖户带来了巨大的损失。尤其是最近几年，家禽饲养的品种不断增加，饲养的密度和规模不断扩大，使得一些很多疾病出现了复杂化的现象。养殖过程中，这些常见家禽疾病进行准确的诊断，并能够针对性的对其进行防治是家禽养殖过程中需要面对的难题。

《几种家禽常见病的诊断与防治》共分七个章节，内容上除了介绍家禽传染病的综合防控措施外，还介绍了16种家禽病毒性传染病、9种家禽细菌性传染病、2种家禽寄生虫病、2种家禽中毒病及6种家禽营养代谢病的病原学、流行特点、临床症状、病理变化以及诊断和防治。全书内容丰富，附有100多幅剖检图片，是作者在临床诊断中收集的典型病例，基本达到了图文并茂的要求。该书适宜于从事动物养殖、动物医学以及公共卫生专业人员或相关管理人员参阅，尤其是对从事疫病诊断和防控实际工作的人员更有使用价值。

作 者

2017 年 2 月

目 录

第1章　我国家禽病的传染和流行过程

1.1 感染和传染病

（1）感染 (infection)：病原微生物侵入动物机体，并在一定的部位定居、生长繁殖，从而引起机体产生一系列的病理反应，这个过程称为感染。

病原微生物进入动物体不一定都能引起感染过程，因为在多数情况下，动物机体的条件不适合侵入的病原微生物生长繁殖，或动物机体能迅速动员防御力量将侵入者消灭，从而不出现可见的病理变化和临诊症状，这种状态称为抗感染免疫。换句话说，动物机体对病原微生物有不同程度的抵抗力。

动物对某一病原微生物没有免疫力(即没有抵抗力)，称为有易感性。病原微生物只有侵入有易感性的动物机体才能引起感染过程。

（2）传染病：凡是由病原微生物引起，具有一定的潜伏期和临诊表现，并具有传染性的疾病称为传染病。其特性表现为：

①传染病是由病原微生物与动物机体相互作用引起的。每一种传染病都有其特异的致病性微生物。

②传染病具有传染性和流行性。

③大多数耐过传染病的动物能获得特异性免疫。

④被感染的机体能发生特异性反应，如产生特异性抗体和变态反应等，可以用血清学等方法检查出来。

⑤大多数传染病具有一定的潜伏期和特征性的临诊表现。

⑥具有明显的流行规律，如季节性或周期性等。

1.2 感染的类型

（1）按感染的发生分：外源性感染和内源性感染。

（2）按感染的部位分：全身感染和局部感染。

（3）按病原的种类分：单纯感染、混合感染和继发感染。

（4）按症状是否典型分：典型感染和非典型感染。

（5）按疾病的严重性分：良性感染和恶性感染。

（6）按病程长短分：最急性、急性、亚急性、慢性感染。

（7）按临床症状分：显性感染、隐性感染、持续性感染、长程感染。

显性感染：当病原微生物具有相当的毒力和数量，而机体的抵抗力相对地比较弱时，动物在临诊上出现一定的症状，这一过程称作显性感染。

隐性感染：如果侵入的病原微生物定居在某一部位，虽能进行一定程度的生长繁殖，但动物不出现任何症状，这种状态称为隐性感染。处于这种情况下的动物称为带菌(毒)者。

持续性感染：指动物长期持续的感染状态。由于入侵的病毒不能杀死宿主细胞而形成病毒与宿主细胞间的共生平衡，感染动物可长期或终生带毒，而且经常或反复不定期地向体外排出病毒，但常缺乏临诊症状，或出现与免疫病理反应有关的症状。

长程感染：是指潜伏期长，发病呈进行性且最后常以死亡为转归的病毒感染。

1.3 传染病的发展阶段

传染病的发展过程在大多数情况下可分为四个阶段，即潜伏期、前驱期、明显(发病)期和转归期(恢复期)。

（1）潜伏期：病原微生物(病原体)体侵入机体并进行繁殖时起，到出现临诊症状为止，这段时间称潜伏期。

潜伏期的生物学意义：

①潜伏期与传染病的传播特性有关，潜伏期短的疾病来势凶猛、传播迅速；

②可以帮助判断感染时间并查找感染来源和传播方式；

③确定传染病封锁和解除封锁的时间以及在某些情况下对动物的隔离观察时间；

④确定免疫接种的类型，如处于传染病潜伏期的动物需要被动免疫接种，周围动物则需要紧急免疫接种；

⑤有助于评价防制措施的临床效果，如实施某项措施后需要经过该病潜伏期的观察，比较前后病例数变化便可评价该措施是否有效；

⑥预测疾病的严重程度，潜伏期短促时病情常较为严重。

（2）前驱期：潜伏期过去以后即转入前驱期。

（3）明显（发病）期：前驱期之后，表现出该种传染病的特征性的临诊症状。

（4）转归期（恢复期）：动物体的抵抗力得到改进和增强，可以转入恢复期。如果病原体的致病性增强，或动物机体的抵抗力减弱，则动物可发生死亡。

1.4 家禽传染病的流行过程

1.4.1 流行和流行过程

家禽传染病的一个基本特征是能在家禽之间直接或间接（通过媒介物）相互传染，构成流行。

家禽传染病的流行过程：是指从家畜个体感染发病发展到家畜群体发病的过程，也就是传染病在畜群中发生和发展的过程。

1.4.2 流行过程的三个基本环节

1. 传染源

传染源：传染病的病原体在其中寄居、生长、繁殖，并能向外界排出病原体的动物机体称为传染源。可分为两类：患病动物和病原携带者。

（1）患病家禽：前驱期、症状明显期病禽。传染期：病禽能排出病原体的整个时期。

（2）带菌（毒）家禽：外表无症状的隐性感染动物，但体内有病原体存在，并能繁殖和排出体外。这样的家禽往往被人们忽视，是危险的传染源；包括以下三类：

①潜伏期带菌（毒）；②恢复期带菌（毒）；③健康带菌（毒）家禽。

2. 传播途径和传播方式

传播途径和传播方式：病原体从传染源排出后，经过一定的方式再侵入健康家禽经过的途径，称为传染病的传播途径（方式）。

（1）垂直传播（vertical transmission)：母体到后代两代之间的传播，包括：经胎盘传播、经卵传播、经产道传播。

（2）水平传播（horizontal transmission）：传染病在群体之间或个体之间以水平形式横向平等传播。包括直接接触传播和间接接触传播。

直接接触传播：在没有任何外界因素的参与下，病原体通过被感染的家禽（传染源）与健康家禽直接接触传染的传播方式。由于这种传播方式受到限制，一般不易造成广泛的流行。

间接接触传播：必须在外界环境因素的参与下，病原体通过传播媒介（污染的物体、饲料、饮水、土壤、空气、活的媒介物等）间接地使健康家禽发生传染的方式，称为间接接触传播。

①通过被污染的物体传播

②通过污染的饲料和饮水传播

③通过污染的土壤传播

④通过空气传播

⑤通过人、禽或其它动物等活的媒介物 （机械性传播和生物学传播）

3. 家禽的易感性

家禽的易感性：易感性是指家禽对某种传染病病原体的感受性的大小。影响因素有：

（1）禽群的内在因素：遗传因素、年龄差异；

（2）禽群的外界因素；（3）特异性免疫状态。

导致家禽群体易感性升高的主要因素有：①一定地区饲养家禽的种类和品种；②家禽的群体免疫力；③新生或新引进禽的比例增加；④免疫程序紊乱或接种家禽数量不足；⑤免疫用生物制品的质量不合格；⑥饲养管理不当；⑦年龄及性别因素。

1.5 疫源地、自然疫源地

（1）疫源地：有传染源及其排出病原体存在的地区。

疫点：通常指单个传染源所构成的。疫区：许多在空间上相互连接的疫源地所组成。

（2）自然疫源地：自然疫源性疾病存在的地区。

自然疫源性疾病：不依赖于人和动物的参与而能在自然界存在、流行，并只在一定条件下才传给人和家禽的疾病。

1.6 家禽传染病的流行特征

（1）流行强度：在家禽传染病的流行过程中，根据在一定时间内发病率的高低和传播范围的大小（即流行强度），可区分为四种表现形式：

①散发性(sporadic)：发病数目不多，在一个较长时间里只有个别的零星发生，而且各个病例在时间和空间上没有明显联系的现象，称为散发。

②地方流行性(endemic)：在一定的地区或禽群中，发病动物的数量较多，但传播的范围不大，带有局限性传播的特征。

③流行性(epidemic)：是指在一定时间内，一定禽群出现比寻常为多的病例，疾病发生频率较高的一个相对名词。

④大流行性(pandemic)：发病数量大，流行的范围可达几个省甚至全国或几个国家。

（2）家禽群体疾病发生的度量：发病率、死亡率（家禽群体死亡率、某病的死亡率）、病死率、患病率、感染率

（3）流行过程的地区性：外来性、地方性、疫源地（自然疫源地）、自然疫源性

1.7 家禽传染病的分布特征

（1）传染病的群体分布：通常包括年龄分布、性别分布、种和品种分布。

（2）传染病的时间分布，有4种表现形式：

①短期波动：由于受到易感家禽、病原体及其传播方式和生物学特性的影响，某家禽群体在短时间内家禽发病数量突然增多，迅速超过平时的发病率，经过一定时间后又终止流行的现象。

②季节性：季节性是指某些畜禽传染病发生在一定季节或在一定的季节内发病率升高。分三种情况：严格季节性、季节性升高、无季节性。

③周期性：是指某些家禽传染病的发病率呈现周期性的上升和下降，即经过一定的间隔期间（常以数年计）可见到同一传染病再度流行，这种现象叫做家禽传染病的周期性。处于两个发病高潮的中间一段时间，叫做流行间歇期。

④长期转变：疾病在几年、几十年甚至更长的一段时间内发生的变化。

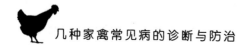
（3）传染病的地区分布

1.8 影响流行过程的因素

（1）自然因素：气候、气温、湿度、阳光、地形、地理分别作用于传染源、传播媒介和易感家禽。

自然疫源性疾病：森林、沼泽、荒野

马立克氏病：毒株迅速演变局限于某一地区

（2）社会因素：人的素质、社会制度和饲养管理。

①大肠杆菌O157；②与财力、物力有关；③与《家畜家禽防疫条例》等兽医法规的制定、执行情况情况有关；④与兽医的地位和权利有关。

第 2 章　禽病的综合防控措施

　　家禽传染病的发生和流行是由传染源、传播途径和易感家禽相互联系所引发的复杂过程，因此在制定传染病的综合防制体系时，需要采取果断的措施消除或切断三者之间的联系，以阻止传染病的流行和传播。制定综合性防疫措施时，在充分考虑传染病宏观控制方案的基础上，应制定家禽传染病防制的长期规划和短期计划，并根据不同传染病的流行病学特点及三间分布特征，分清主要因素和次要因素，确定防制工作的重点环节。

2.1 禽病防治的基本方针

2.1.1 制定原则

　　（1）贯彻"预防为主"的方针；

　　（2）加强和完善兽医防疫法律法规建设，建立、健全各级特别是基层兽医防疫机构，以保证兽医防疫措施的贯彻落实；

　　（3）加强动物传染病的流行病学调查和监测；

　　（4）突出不同传染病防制工作的主导。

2.1.2 传染病综合性防制措施的内容

　　（1）疫病预防：采取一切手段将某种传染病排除在一个未受感染家禽群体之外的防疫措施。

　　在内容上通常包括：加强环境控制、改善饲养管理条件，提高动物群体的一般抗病能力；强化动物繁育体系建设，引进禽种时严格隔离和检疫；适时进行免疫接种，认真执行强制性免疫计划；定期进行卫生消毒和杀虫、灭鼠、防鸟工作，及时无害化处理粪便；认真贯彻执行禽种及其产品的各类检疫，及时发现并消灭传染源；建立各地的家禽疫病流行病学检测网络。

　　（2）疫病控制：通过采取各种方法降低已经存在于动物群体中某种传

染病的发病率和死亡率，并将该种传染病限制在局部范围内加以就地扑灭的措施。

包括患病家禽的隔离、消毒、治疗、紧急免疫接种或封锁疫区、扑杀传染源等方法，以防止疫病在易感家禽中蔓延。

传染病发生时的扑灭措施包括：

①接到疫情报告应立即赶赴现场，及时对患病禽群采取隔离、检查和诊断措施；

②对发病家禽的污染场所进行紧急消毒处理，确诊为一类疫病、危害性大的人兽共患传染病或外来病时，应尽快以封锁疫区和扑杀传染源为主的综合性防制措施；

③疫点和疫区周围的禽群立即进行疫苗紧急接种，并根据疫病性质对患病家禽进行及时、合理的治疗或处理；

④患病死亡或淘汰家禽或其尸体应按合法程序进行合理处理；

⑤全面系统的对周围家禽群体进行检疫和监测，以发现、淘汰或处理各种病原携带者。

（3）疫病消灭：疫病消灭的空间范围分为地区性、全国性和全球性。

（4）疫病净化：通过采取检疫、消毒、扑杀或淘汰等技术措施，使某一地区或养殖场内某种（些）家禽传染病在限定时间内逐渐被清除的状态。

2.2 综合防控措施

家禽传染病的扑灭与净化是家禽传染病综合防制技术的重要内容。从技术和经济学角度考虑，传染病流行的不同时期应采取不同的措施，如在急性、烈性家禽传染病流行的早期，疾病在禽群中还没有出现广泛的传播和扩散，此时应以临床检查、淘汰或扑杀感染或发病家禽为主，同时进行污染场地的严格消毒处理和周围禽群的紧急免疫接种；慢性传染病的处理则应以检疫、淘汰感染家禽为主。不同家禽传染病的消灭及控制技术不同，对高致病力禽流感等危害性大的疫病，应采取以封锁疫区、检疫、隔离、扑杀和销毁为主的消灭措施；对鸡白痢、禽白血病、结核病、副结核病等疫病应采取以严格检疫、及早淘汰为主的消灭或净化技术，也可通过建立健康禽群等方法加以净化；对于大肠杆菌病、葡萄球菌病等应以加强环境控制，结合敏感药物治疗为主的综合性控制措施；而对于病原体血清型单一、疫苗免疫效果良好的家禽疫病如产蛋下降综合症、禽痘、鸭肝炎等则应采取以疫苗接种为主的防制措施。

2.2.1 隔离

隔离是指将患病家禽和疑似感染家禽控制在一个有利于防疫和生产管理的环境中进行单独饲养和防疫处理的方法。

隔离病家禽和可疑病家禽是扑灭禽传染病的重要措施之一。其目的是为了控制传染源，防止家禽继续受到传染，控制家禽传染病蔓延，以便将疫情控制在最小范围内加以就地扑灭。为此，在发生家禽传染病时，应及时采用临诊诊断、变态反应诊断，必要时应用血清学试验等方法进行临时检疫（当进行大批家禽逐只检查时，应注意不能使检查工作成为散播传染的因素）。根据诊断检疫结果，将全部受检家禽分为患病禽群、可疑感染禽群和假定健康禽群三类，以便分别对待。

（1）患病禽群。是指有典型症状或类似症状，或其它诊断方法检查为阳性的家禽。对检出的患病家禽应立即送往隔离栏舍或偏僻地方进行隔离。如患病家禽数量较多时，可隔离于原家禽舍内，而将少数疑似感染家禽移出观察。对有治疗价值的，要及时治疗；对危害严重、缺乏有效治疗办法或无治疗价值的，应扑杀后深埋或销毁。对患病家禽要设专人护理，禁止闲散人员出入隔离场所。饲养管理用具要专用，并经常消毒，粪便发酵处理，对人畜共患病还要做好个人防护。

（2）可疑感染禽群。是指在发生某种家禽传染病时，与患病家禽同群或同舍，并共同使用饲养管理用具、水源等的家禽。这些家禽有可能处在潜伏期中或有排菌（毒）危害，故应经消毒后转移隔离（应与患病家禽分别隔离），限制活动范围，详细观察、及时分化。有条件时可进行紧急预防接种或药物预防。根据该种家禽传染病潜伏期的长短，经一定时间观察不再发病后，要在家禽消毒后解除隔离。

（3）假定健康禽群。是指与患病家禽有过接触或患病家禽邻近畜舍的家禽。对假定健康家禽应及时进行紧急预防接种，加强饲养管理和消毒等，以保护禽群的安全。如无疫（菌）苗，可根据具体情况划为小群或分散饲养，或转移到安全、偏僻地区。

2.2.2 封锁

封锁是指当某地或养殖场毛发法定一类疫病和外来疫病时，为了防止疫病扩散以及安全区健康家禽的误入而对疫区或其禽群采取划区隔离、扑杀、销毁、消毒和紧急免疫接种等的强制性措施。

根据我国《动物防疫法》的规定，当确诊为鸡新城疫、禽流感（高致病性禽流感）等一类动物传染病时，兽医人员应立即报请当地政府机关，划定疫区范围，进行封锁。封锁的目的是保护广大地区禽群的安全和人民健康，把家禽传染病控制在封锁区之内，发动群众力量就地扑灭。封锁行动应通报领近地区政府采取有效措施，同时逐级上报国家畜牧兽医行政机关或OIE，并由其统一管理和发布国家动物疫情信息。

封锁区的划分，必须根据该家禽传染病的流行规律、当时的流行情况和当地的条件，经过充分研究讨论，按"早、快、严、小"的原则进行。"早"是早封锁，"快"是行动果断迅速，"严"是严密封锁，"小"是把疫区尽量控制在最小范围内。封锁是针对传染源、传播途径、易感禽群三个环节采取的措施。根据我国有关兽医法规的规定，具体措施如下：

1. 封锁的疫点应采取的措施

(1) 严禁人、动物、车辆出入和动物产品及可能污染的物品运出。在特殊情况下人员必须出入时，需经有关兽医人员许可，经严格消毒后出入；

(2) 对病死家禽及其同群家禽，县级以上农牧部门有权采取扑灭、销毁或无害化处理等措施，农场主不得拒绝；

(3) 疫点出入口必须有消毒设施，疫点内用具、圈舍、场地必须进行严格消毒，疫点内的家禽粪便、垫草、受污染的草料必须在兽医人员监督指导下进行无害化处理。

2. 封锁的疫区应采取的措施

(1) 交通要道必须建立临时性检疫消毒卡，备有专人和消毒设备，监视家禽及其产品移动，对出入人员、车辆进行消毒；

(2) 停止集市贸易和疫区内家禽及其产品的采购；

(3) 未污染的家禽产品必须运出疫区时，需经县级以上农牧部门批准，在兽医防疫人员监督指导下，外包装经消毒后运出；

(4) 非疫点的易感家禽，必须进行检疫或预防注射。农村城镇饲养及放牧水禽必须在指定疫区放牧。

3. 受威胁区及其应采取的措施

疫区周围地区为受威胁区，其范围应根据疾病的性质、疫区周围的山川、河流、草场、交通等具体情况而定。受威胁区应采取如下主要措施。

(1) 对受威胁区内的易感家禽应及时进行预防接种，以建立免疫带；

(2) 管好本区易感家禽，禁止出入疫区，并避免饮用疫区流过来的水；

(3) 禁止从封锁区购买活禽和禽类产品，如从解除封锁后不久的地区买进活禽或其产品，应注意隔离观察，必要时对禽产品进行无害处理；

(4) 对设于本区的屠宰场、加工厂、禽产品仓库进行兽医卫生监督，拒绝接受来自疫区的活禽及其产品。

(5) 解除封锁疫区内（包括疫点）最后一只病禽扑杀或痊愈后，经过该病一个潜伏期以上的检测、观察、未再出现病禽时，经彻底消毒清扫，由县级以上农牧部门检查合格，经原发布封锁令的政府发布解除封锁令后，并通报毗邻地区和有关部门。疫区解除封锁后，病愈家禽需根据其带毒时间，控制在原疫区范围内活动，不能将它们调到安全区去。

2.2.3 扑杀政策

扑杀政策是兽医学中特有的传染病控制方法，对家禽传染病的扑灭和净化是有利的。

扑杀政策（stamping-out policy）是指在兽医行政部门的授权下，宰杀感染特定疫病的家禽及同群可以感染家禽，并在必要时宰杀直接接触家禽或可能传播病原体的间接接触家禽的一种强制性措施。当某地暴发法定 A 类或一类疫病、外来疫病以及人兽共患病时，其疫点内的所有家禽，无论其是否实施过免疫接种，按照防疫要求应一律宰杀，家禽的尸体通过焚烧或深埋销毁。扑杀政策通常与封锁和消毒等措施结合使用。

大多数国家在禽流感暴发时要宰杀疫点内的所有禽类。此外，在消灭某传染病的过程中，当一个国家或地区通过多年的努力使某病已缩小到几个孤立的疫点时，也可将感染或暴露的禽群扑杀；在慢性传染病流行时，由于患病家禽生产性能下降及对其他易感家禽的传染源作用，建议养殖场自行扑杀或淘汰。

2.2.4 感染家禽及其尸体的处理

根据我国的有关法律规定，当某地发生传染病时，对发病地区或场所及其染有病原体的家禽及禽产品应按照下列方式进行处理。

（1）防疫消毒。指对可能传播病原体的家禽、禽产品及其运输工具、包装物、垫料、所处的环境等采取的除害、除菌措施。

（2）无害化处理。是指通过物理、化学的方法或其他方法杀灭有害生物的处理方式，如蒸、高温处理，也包括各种消毒方法。

（3）销毁。是指用焚烧、深埋和其他方法直接杀灭有害的家禽及其产品。

我国目前规定的患病动物及其尸体的处理措施是：当确认为禽流感、鸡新城疫、马立克氏病、小鹅瘟、鸭瘟等传染病和恶性肿瘤或两个器官出现肿瘤的整个家禽尸体以及从其他患病家禽各部位取下的病变器官或内脏，应在密闭容器中运送至销毁地点进行焚烧炭化或湿热化制。

确认为上述传染病的同群动物以及确诊为禽霍乱、传染性法氏囊病、鸡传染性支气管炎、鸡传染性喉气管炎等患病家禽的肉尸、内脏和怀疑被上述疫病病原体污染的肉尸及内脏等，应在密闭条件下运至高温车间进行高压或煮沸处理。

2.2.5 家禽传染病的净化

疫病净化对家禽传染病控制起到了极大的推动作用。目前，国内外对鸡白痢、鸡白血病、慢性呼吸道病、结核病等传染病都采取了不同程度和范围的净化措施，并取得了显著效果。

2.3 消毒

消毒是消灭外界环境中的病原、防制疫病发生的主要措施，圈舍地面、墙、栏杆上的粪尿要及时清除，饲槽及用具要勤加清洗。根据当地疫情和具体条件，定期对圈舍、食槽及饲养管理用具进行消毒。做好粪、尿及污水的处理，防止环境污染。

2.3.1 消毒的类型

（1）预防性消毒：结合平时的饲养管理对禽舍、场地、用具和饮水等进行定期消毒，以达到预防一般传染病的目的。

（2）随时消毒：在发生传染病时，为了及时消灭刚从病禽体内排出的病原体而采取的消毒措施。

（3）终末消毒：在病禽解除隔离、痊愈或死亡后，或者在疫区解除封锁之前，为了消灭疫区内可能残留的病原体所进行的全面彻底的消毒。

2.3.2 消毒的方法

（1）机械性清除：清扫、洗刷、通风；

（2）物理消毒法：阳光、紫外线和干燥；高温、煮沸、蒸汽；

（3）化学消毒法：凝固蛋白质：酚（石炭酸、来苏儿）；溶解蛋白质：氢氧化钠、石灰；氧化蛋白类：漂白粉、过氧乙酸；阳离子表面活性剂：新洁尔灭、洗必泰；醛类消毒剂；

（4）生物热消毒：用于粪便的无害化处理。

2.3.3 消毒程序和消毒制度

（1）消毒程序。根据消毒的类型、对象、环境温度、病原体性质以及传染病流行病学特点等因素，将多种消毒方法科学合理的加以组合而进行的消毒过程称为消毒程序。

消毒程序的制定应根据本场的生产方式、主要流行的传染病、消毒剂的特点和消毒设备及设施的种类等因素确定，但消毒前将禽舍内的粪便、污物清扫、冲洗干净是提高消毒效果的前提。

消毒制度。养殖场应将各种消毒工作制度化。

2.4 免疫接种

免疫接种是给家禽接种各种免疫制剂（菌苗、疫苗、类毒素及免疫血清），使家禽个体和群体产生对家禽传染病的特异性免疫力。它是使易感家禽转化为不易感家禽的一种手段。有计划有组织地进行免疫接种，是预防和控制家禽传染病的重要措施之一，在某些家禽传染病如鸡新城疫等病的防制过程中，免疫接种更具有关键性的作用。根据免疫接种的时机不同，可分为预防接种和紧急接种两类。现分述如下：

2.4.1 预防接种

预防接种是指在经常发生某些家禽传染病的地区，或有某些家禽传染病潜在的地区，或受到邻近地区某些家禽传染病经常威胁的地区。为了防患于未然，在平时有计划地给健康禽群进行的免疫接种。预防接种常用的免疫制剂有疫（菌）苗、类毒素等。由于所用免疫制剂的品种不同，接种方法也不一样，有皮下注射、肌肉注射、皮肤刺种、口服、点眼、滴鼻、喷雾吸入等。随着集约化畜牧业的发展，饲养数量显著增加。因此预防接种方向也由逐头打预防针改为简便的饮水免疫和气雾免疫，如鸡新城疫疫苗的饮水免疫获得了良好的免疫效果，而且节省了大量的人力。接种后一般经1至3周产生免疫力。可获得持续数月至1年以上的免疫力。

1. 调查研究，作好宣传进行有计划的预防接种

预防接种应首先对本地区近年来家禽曾发生过的家禽传染病流行情况进行调查了解。然后有针对性地拟定年度或周期预防接种计划，确定免疫制剂的种类和接种时间，按所制订的各种家禽免疫程序进行免疫，争取做到一只一只免疫。

有时也进行计划外的预防接种。如输入或输出家禽时，为避免在运输途中或达到目的地后爆发某些疾病而进行的预防接种，可用疫苗、菌苗或类毒素，若时间紧迫也可应用免疫血清进行免疫。

如果在某一地区过去从未发生过某种家禽传染病，也没有从别处传染的可能时，则不需对该家禽传染病进行免疫。

预防接种前，应对被接种的家禽进行详细的检查和调查了解。

根据具体情况确定接种的时机。成年的、体质健状或饲养管理条件好的家禽，接种后会产生较坚强的免疫力，可按计划进行接种；而对于幼年的、体质弱的，有慢性病的家禽，饲养管理条件不好的家禽，进行预防接种的同时，必须创造条件改善饲养管理，如果是已经受感染的威胁，最好暂不接种。

预防接种前，还要对当时当地的家禽传染病情况进行调查，如发现疫情，则应首先安排紧急防疫，如无特殊家禽传染病流行则按原计划进行定期预防接种。接种时要加强宣传，精心准备，爱护禽群，做到消毒认真，剂量、部位准确。接种后，要向群众说明应加强饲养管理，使机体产生较好的免疫力，减少接种后的反应。

2. 应注意预防接种反应

生物制剂对于家禽机体来说，都是异物，经接种后总有一个反应过程，但反应的强度和性质有所不同。有的程度轻微，不会对机体带来危害，只要精心护理，就会恢复，但有些不良反应或剧烈反应则应引起注意。所谓不良反应就是指经预防接种后引起持久的或不可逆的组织、器官损害或功能障碍而致的后遗症。接种反应的类型可分为：

（1）正常反应。是指由于制品本身的特性而引起的反应，其性质和反应强度因制品而异。如有些制品是活菌苗或活疫苗，接种后实际是一次轻度感染，也会发生某种局部反应或全身反应。

（2）严重反应。和正常反应没有本质上的区别，但程度轻重或发生反应的家禽数量超过正常比例。引起严重反应的原因或由于某一批生物制品质量较差；或是使用方法不当，如接种剂量过大，接种技术不正确，接种

途径错误等；或是个别家禽对某种生物制品过敏。这类反应通过严格控制制品质量和按照说明书使用可以减少到最低程度，只有个别特殊的家禽中才会发生。

（3）合并症。是指与正常反应性质不同的反应。主要包括超敏感（血清病过敏休克、变态反应）、扩散为全身感染和诱发潜伏感染等。

3. 几种疫苗的联合应用

这是预防接种工作的发展方向。由于一定地区、一定季节内某种家禽流行的疫病种类较多，往往在同一时间需要给家禽接种两种不同或两种以上的疫苗，以分别刺激机体产生保护性抗体。这种免疫接种可以大大提高工作效率，很受广大养殖者和基层兽医防疫人员的欢迎，但在当前仍以常规疫苗为主的形势下，疫苗联合使用时应考虑到疫苗的相互作用。从理论上讲，在增殖过程中不同病原微生物可通过不同的机制彼此相互促进或相互抑制，当然也可能彼此互不干扰。前两种情况对弱毒苗的联合免疫接种影响很大，主要是因为弱毒活苗在产生免疫力之前需要在机体内进行一定程度的增殖，因此选择疫苗联合接种免疫时，应根据研究结果和试验数据确定那些弱毒苗可以联合使用，那些疫苗在使用时应有一定的时间间隔以及接种的先后顺序等。经过大量试验研究证明，有些联合的鸡新城疫－鸡痘二联疫苗、鸡新城疫－传染性支气管炎二联疫苗，相互之间不会出现干扰作用。

近年来的研究表明，灭活疫苗联合使用时似乎很少出现相互影响的现象，甚至某些疫苗还具有促进其他疫苗免疫力产生的作用。但考虑到禽体的承受能力、疫病危害程度和目前的疫苗生产工艺等因素，常规灭活苗无限制累加联合也会影响主要疫病的免疫防制，其原因是因为家禽机体对多种外界因素刺激的反应性是有限的，同时接种疫苗的种类或数量过多时，不仅妨碍家禽针对主要疫病高水平免疫力的产生，而且有可能出现较剧烈的不良反应而减弱机体的抗病能力。因此，对主要家禽疫病的免疫防制，应尽量使用单独的疫苗或联合较少的疫苗进行免疫接种，以达到预期的接种效果。

随着生物技术的发展，人们将会去除病原微生物中与免疫保护作用无关的成分，使联合弱病毒疫苗或灭活疫苗的质量不断提高、不良反应逐渐减少，并使其在生产中得到广泛应用。

4. 制订合理的免疫程序

所谓免疫程序，就是对某种家禽，根据其常发的各种家禽传染病的性质、流行病学，母源抗体水平，有关疫(菌)苗首次接种的要求以及免疫期长短等，制定该种动物从出生经青年到成年或屠宰配套接种程序。目前国际上还没有一个可供统一使用的疫（菌）苗免疫程序，各国都在实践中总结经验，制订出合乎本地区、本牧场具体情况的免疫程序，而且还在不断研究改进中。

制定免疫程序通常应遵循的如下原则：

（1）禽群的免疫程序是由传染病的分布特征决定的。由于家禽传染病在地区、时间和禽群中的分布特点和流行规律不同，它们对家禽造成的危害程度也会随着发生变化，一定时期内兽医防疫工作的重点就有明显的差异，需要随时调整。有些传染病流行时具有持续时间长、危害程度大等特点，应制定长期的免疫防制对策。

（2）免疫程序是由疫苗的免疫学特性决定的。疫苗的种类、接种途径、产生免疫力需要的时间、免疫力的持续期等差异是影响免疫效果的重要因素，因此在指定免疫程序时要根据这些特性的变化进行充分的调查、分析和研究。

（3）免疫程序应具有相对的稳定性。如果没有其他因素的参与，某地区或养殖场在一定时期内家禽传染病分布特征是相对稳定的。因此，若实践证明某一免疫程序的应用效果良好，则应尽量避免改变这一免疫程序。如果发现该免疫程序执行过程中仍有某些传染病流行，则应及时查明原因（疫苗、接种、时机和病原体变异等），并进行适当地调整。

制订合理的免疫程序应该考虑：a.本地区疫情；b.疫苗类型及其免疫效能；c.家禽传染病的流行病学特点；d.幼禽的母源抗体水平，对建立自动免疫有一定的影响，因此对幼龄家禽进行免疫接种往往不能获得满意的效果。

表 1-2　肉用仔鸡免疫程序

日　龄	疫　苗	接种方法
1 日龄内	马立克氏病疫苗	皮下或肌肉
7-14 日龄	鸡新城疫Ⅱ系或 lasolta 系苗 法氏囊弱毒疫苗 传染性支气管炎疫苗	点眼、滴鼻或饮水 饮水、点眼或滴鼻 饮水、点眼或滴鼻
25-35 日龄	鸡新城疫Ⅱ系或 lasolta 系苗 鸡痘弱毒疫苗	点眼、滴鼻或饮水 刺种

注：1988 年家畜疫病防制研究会制订

表 1-3　种鸡、蛋鸡免疫程序

日　龄	疫　苗	接种方法
1 日龄	马立克氏病疫苗	皮下或肌肉
7-14 日龄	鸡新城疫Ⅱ系或 lasolta 系苗 法氏囊弱毒疫苗 传染性支气管炎疫苗	点眼、滴鼻或饮水 饮水、点眼或滴鼻 饮水、点眼或滴鼻
25-35 日龄	鸡新城疫Ⅱ系或 lasolta 系苗 鸡痘弱毒疫苗 传染性支气管炎疫苗	点眼、滴鼻或饮水 刺种 饮水、点眼或滴鼻
10 周龄	鸡新城疫Ⅱ系或 lasolta 系苗 法氏囊弱毒疫苗 传染性支气管炎疫苗	点眼、气雾、滴鼻或饮水 饮水、点眼或滴鼻 饮水、点眼或滴鼻
20-22 周龄	鸡新城疫Ⅱ系、F系或 lasolta 系 法氏囊弱毒疫苗 传染性支气管炎疫苗 鸡痘弱毒疫苗	气雾、饮水 皮下 饮水、气雾 刺种
23 周龄－全群淘汰同 20-22 周龄	1. 在 20–22 周龄免疫接种后，要每隔 3–6 个月，再重复免疫 1 次 2. 也可在 20–22 周龄时用鸡新城疫Ⅰ系苗接种，每年 1 次，以代替鸡新城疫Ⅱ系苗和 Lasota 系苗等	刺种、滴鼻、饮水或气雾

注：1988 年家畜疫病防制研究会制订

5. 实行免疫监测制度，合理免疫

在影响疫（菌）苗免疫效果的因素中，接种家禽体内原有抗体（母源抗体和自动免疫抗体）是主要因素之一。实践证明，免疫过的种禽卵所孵出的雏禽，也可获得母源抗体。如初免时机选择不当，就可影响免疫效果。因此，为了使免疫接种获得可靠的免疫效果，必须建立免疫监测制度，排除对家禽免疫的干扰因素，以保证免疫程序的合理实施。所谓免疫监测，就是利用血清学方法，对某些疫（菌）苗免疫家禽在免疫接种前后的抗体跟踪监测，以确定接种时间和免疫效果。在免疫前，监测有无相应抗体及其水平，以便掌握合理的免疫时机，避免重复和失误；在免疫后，监测是为了了解免疫效果，如不理想可查找原因，进行重免；有时还可及时发现疫情，尽快采取扑灭措施。如鸡新城疫的免疫监测手段是鸡新城疫血凝抑制试验。为了掌握免疫接种的时机，定期对鸡群抽样采血，将其血清分别与4个血凝单位的鸡新城疫病毒（常用弱毒）做血凝抑制试验，测定其平均抑制价(HI价)。

6. 预防接种失败的原因。

免疫失败是指经某病疫苗接种的禽群，在该疫苗有效免疫期内，仍发生该家禽传染病；或在预定时间内经检测免疫力达不到预期水平，即预示着有发生该家禽传染病的可能。

造成疫苗接种失败的原因如下：

（1）幼禽体内存有高度的被动免疫力——母源抗体，可能中和了疫苗；

（2）环境条件恶劣、寄生虫侵袭、营养不良等应激，影响了家禽的免疫应答；

（3）传染性囊病、传染性贫血、马立克氏病、霉菌素中毒等引起的免疫抑制；

（4）禽群中已潜伏着疾病；

（5）活苗因保存、运输或处理不当而死亡；或使用超过有效期的疫苗；

（6）可能疫苗不含激发该家禽传染病保护性免疫所需的相应抗原，即疫苗的毒（菌）株或血清型不对；

⑦使用饮水法或气雾法接种时，疫苗分布不匀，使部分家禽未接触到或因剂量不足而仍然易感。

2.4.2 紧急接种

紧急接种是指在发生家禽传染病时，为了迅速控制和扑灭家禽传染病的流行，而对疫区和受威胁区尚未发病的家禽进行的应急性免疫接种。紧急接种从理论上讲应使用免疫血清，或先注射血清，2周后再接种疫（菌）苗，即所谓共同接种较为安全有效。但因免疫血清用量大，价格高，免疫期短，且在大批家禽急需接种时常常供不应求，因此在防疫中很少应用，有时只用于养鸡场。实践证明，在疫区和受威胁区有计划地使用某些疫（菌）苗进行紧急接种是可行而有效的。如在发生鸡新城疫等急性家禽传染病时，用相应疫苗进行紧急接种，可收到很好的效果 。

应用疫（菌）苗进行紧急接种时，必须先对禽群逐只地进行详细的临床检查和测温，只能对无任何临床症状的家禽进行紧急接种，对患病家禽和处于潜伏期的家禽,不能接种疫(菌)苗,应立即隔离治疗或扑杀。但应注意,在临床检查无症状而貌似健康的家禽中,必然混有一部分潜伏期的动物,在接种疫(菌)苗后不仅得不到保护,反而促进其发病,造成一定的损失,这是一种正常的不可避免的现象。但由于这些急性动物传染病潜伏期短,而疫(菌)苗接种后又能很快产生免疫力,因而发病后不久即可下降,疫情会得到控制,多数动物得到保护。

在受威胁区进行紧急接种时,其划定范围应根据家禽传染病流行特点而定。如流行猛烈的禽流感等,则在周围 5~10km 进行紧急接种,建立"免疫带"或"免疫屏障"以包围疫区,防止扩散。紧急接种是综合防制措施的一个重要环节,必须与其中的封锁、检疫、隔离、消毒等环节密切配合,才能取得较好的效果。

2.4.3 环状免疫带建立

通常指某些地区发生急性、烈性传染病时,在封锁疫点和疫区的同时,根据该病的流行特点对封锁区及其外围一定区域内所有易感染动物进行的免疫接种。建立免疫带的目的主要是防止疫病扩散,将传染病控制在封锁区内就地扑灭。

2.4.4 免疫隔离屏障建立

通常是指为防止某些传染病从有疫病的国家向无该病的国家扩散,而对国界线周围地区的禽群进行的免疫接种。

2.4.5 疫苗免疫效果的评价

评价方法主要包括兽医流行病学方法、血清学方法和人工攻毒试验
(1)流行病学评价方法。常用指标包括:
效果指数 = 对照组患病率 / 免疫组患病率
保护率 = (对照组患病率 − 免疫组患病率) / 免疫组患病率
当效果指数 <2 或保护率 <50% 时,则认为该疫苗或免疫程序无效。
(2)血清学评价
(3)人工攻毒试验

2.5 药物预防

药物预防是为了预防某些家禽传染病，在家禽的饲料或饮水中加入某种安全的药物进行集体的化学预防，在一定的时间内可以使受威胁的易感家禽不受家禽传染病的危害，这也是预防和控制家禽传染病的有效措施之一。

2.5.1 药物预防的概念及意义

药物预防是对某些家禽传染病的易感禽群投服药物，以预防或减少该传染病的发生。这种群体的利用药物预防的方法又称为化学预防。所谓群体是指包括没有症状的家禽在内的动物群单位。药物预防是对无疫（菌）苗、或虽有疫（菌）苗但应用还有问题的家禽传染病进行的预防，是现代养殖业预防家禽传染病的一项重要措施。它是将安全价廉的化学药物即所谓保健添加剂，加入饲料或饮水中进行群体化学防治，既可减少损失，又可达到防制疫病的目的。

群体防治对某些家禽传染病在一定条件下采用，可收到良好的效果。在饲料或饮水中添加化学药物预防家禽传染病具有重要意义：一是能够对整个养殖场的传染病进行群防群治，便于宏观调控；二是方便经济，对于细菌性感染性传染病，不需要兽医花很多时间和精力对每只家禽进行注射或内服给药；三是可以减少应激，降低应激性疾病的发生；四是通过长期连续或定期间断性混饲或混饮用药，能对在养殖场扎根的某些顽固性细菌性传染病进行根治。

2.5.2 药物内服给药剂量与饲料或饮水中添加给药剂量的换算

内服剂量通常是以每千克体重使用药物重量来表示，饲料添加剂是以单位饲料重量中添加药物的重量来表示。家禽一次内服剂量的多少与家禽的体重成正比关系。而饲料添加给药剂量与家禽每日耗饲量相关，消耗饲料多，药物在饲料中的比例减少，如果每日消耗饲料少，则药物在饲料中的比例增大。

2.5.3 药物预防的注意事项

为了保证在饲料或饮水中添加药安全有效，必须注意以下问题：

1. 预防剂量的控制

预防剂量一般为治疗剂量的 1/4 ~ 1/2，在多数情况下，饲料添加药物是作为预防疫病使用，一般添加的时间较长，所以必须严格控制药物剂量，以免用药剂量过大造成蓄积中毒。特别值得提出的是不要将用于治疗的口服剂量换算成饲料添加量用于长期预防。

2. 配合饲料中原由添加药物的确认

现代配合饲料生产中大多数加有一定量的化学药物。所以在向饲料厂家生产的配合饲料中添加自己拟订防治某一疾病的药物品种时，必须十分谨慎，避免同一药物重复添加造成家禽的药物中毒。

3. 药物与饲料混合

将药物添加到饲料中预防或治疗疾病，药物的量较饲料量低得多，药物浓度通常为 1 ~ 500mg/kg(饲料)。相对饲料来讲，药物所占的比例极小，要将这"小量"的药物均匀地混合到"大量"的饲料中去，并不是一件容易的事情。生产实践中，因药物与饲料混合不均匀造成中毒或防治无效的事故时有发生，这给养殖业造成极大的经济损失。因此，混合时必须严格依照生产工艺执行。通常采用的方法是"等量递升"法，即先取与药物等量的饲料和药物混合，再逐渐加饲料量混合，直至完全、反复混合完毕。对于某些药物原粉，应先将药物与适量的饲料混合制成预混料，然后再与全价料混合。

4. 添加方式

可以将药物添加到饲料中用药，也可以添加到饮水中用药。添加到饲料中比较适合于疫病的预防，添加到饮水中用药比较适合于疫病的治疗。家禽在发生疫病时，由于病情原因致使食欲下降，严重时废绝，此时通过饲料给药，进入到家禽体内的药量不足，达不到理想的治疗效果。但病禽特别是热性传染病，家禽的饮水有时略有增加，此时通过饮水添加用药常能达到预期效果。应该说明的是在生理条件下，依此推理，饮水中添加药物剂量 (比例) 应为饲料中添加剂量的 1/2。通过饮水添加用药，其药物应是水溶性的制剂，否则，药物会在饮水中沉积下来，造成用药不均匀而引起中毒或治疗无效。

5. 掌握一次给药的化学药物在饲料中的添加方法

某些化学药物特别是抗寄生虫药物如左咪唑、苯丙咪唑类药物 (如丙硫咪唑、甲苯咪唑)、伊维菌素类药物在防治疫病时多是内服或注射给药一次，即按规定剂量使用一次就可以达到防治疫病的效果。前面介绍的混饲给药方法是将药物按照一定的比例添加到饲料中，治疗疫病时添加用药一个疗程（3～7天），预防疫病时则是长时间添加或使用（几周至几个月）。这种长时间混饲添加用药方法要求药物的毒性较小，安全范围大，不易发生蓄积中毒。对于一次给药的抗寄生虫药物混饲添加方法为：首先根据体重计算家禽所需要的药量，然后将药物（一次量）均匀地拌入家禽日量的日粮中喂给，有时，也可将一次量的药物拌入2～3天的日粮中喂给。

6. 注意防止产生耐药性

长期使用化学药物预防，容易产生耐药性菌株，而影响防治效果。因此，必须根据药物敏感试验结果，选用高度敏感的药物。另外，长期使用抗生素等药物进行禽疫病的预防，形成的耐药性菌株将会使治疗难度增大，某些人畜共患病病菌一旦感染人，将会对人类健康造成危害。应次，使用药物预防必须严格遵守有关法规合理使用。

2.5.4 常用的药物种类

随着现代畜牧业向工厂化生产的发展，要求做到禽群无病、无虫、健康。而密集式的饲养制度，又易使禽群发生和流行疫病，因而保健添加剂在近10多年来发展很快。常用于生产的有呋喃类、氟喹诺酮类、磺胺类和抗生素等药物，可应于预防和治疗鸡的沙门氏菌病、大肠杆菌病、鸡传染性鼻炎、鸡败血支原体病以及一些寄生虫病。

利用生态制剂进行生态预防，是药物预防的一条新途径。所谓生态制剂，即是利用对病原菌具有生物拮抗作用的非致病性细菌，经过严格选择和鉴定后而制成的活菌制剂，如EM（有效微生物群）、乳康生、促菌生、调痢生等均属生态制剂范畴。家禽内服后，可抑制病原菌或条件致病菌在肠道的增殖和生存，调整肠道内菌群的平衡，从而预防消化道疫病发生，以及促进动物生长发育的作用。应当注意，在内服生态制剂时，禁服抗菌药物。

中草药饲料添加剂，由于具有低药残、少副作用和不易产生耐药性等优点而越来越受重视。

2.6 药物治疗

治疗是防制禽传染病的重要措施之一，它可减少因传染病所造成的经济损失，同时也是消灭传染源的方法之一，是综合防疫措施的一个组成部分。

（1）一方面是针对病原体的治疗，如特异的高免血清（痊愈血清）、抗生素疗法和化学药物治疗。

（2）一方面是针对家禽机体的治疗，如加强护理工作和多种对症治疗。

（3）细菌性传染病：目前广泛采用抗生素和化学合成药物治疗。

（4）病毒性传染病：尚无特异的治疗方法，高免血清或全血在疾病早期应用，有较好的疗效。除了特异性治疗外，抗生素等药物多用于防止细菌继发感染，对症疗法也是十分重要的。

（5）中毒性疾病：对症治疗，解毒、镇静剂。

（6）霉菌性疾病：制霉菌素、双性霉素，$CuSO_4$。

（7）某些疫病采用抗生素、化学合成药物后，常可收到良好的防治效果。一般将药物按照一定比例混入饲料或饮水中进行口服，是群体性药物防治的主要方式。

注意事项：掌握适应症；考虑用量、用法、给药途径、不良反应、经济价值；不可滥用（药物敏感试验，交替使用敏感性的药物）；联合应用应结合临诊经验控制使用。

第3章　家禽病毒性传染病

3.1 禽流感

禽流感是由 A 型禽流感病毒引起的一种禽类传染病。该病毒属于正黏病毒科，根据病毒的血凝素（HA）和神经胺酸酶（NA）的抗原差异，将 A 型禽流感病毒分为不同的血清型，目前已发现 16 种 HA 和 9 种 NA，可组合成许多血清亚型。毒株间的致病性有差异，根据各亚型毒株对禽类的致病力的不同，将禽流感病毒分为高致病性、低致病性和无致病性病毒株。

3.1.1 高致病性禽流感（highly pathogenic avian influenza, HPAI）

是由高致病力毒株（主要是 H5 和 H7 亚型）引起的以禽类为主的一种急性、高度致死性传染病。临床上以鸡群突然发病、高热、羽毛松乱，成年母鸡产蛋停止、呼吸困难、冠髯发紫、颈部皮下水肿、腿鳞出血，高发病率和高死亡率，胰腺出血坏死、腺胃乳头轻度出血等为特征。世界动物卫生组织（OIE）将其列为必须报告的动物传染病，我国将其列为一类疫病。

1. 流行特点

（1）易感动物：多种家禽、野禽和（迁徙）鸟类均易感，但以鸡和火鸡易感性最高。

（2）传染源：主要为病禽（野鸟）和带毒禽（野鸟）。野生水禽是自然界流感病毒的主要带毒者，鸟类也是重要的传播者。病毒可长期在污染的粪便、水等环境中存活。

（3）传播途径：主要通过接触感染禽（野鸟）及其分泌物和排泄物、污染的饲料、水、蛋托（箱）、垫草、种蛋、鸡胚和精液等媒介，经呼吸道、消化道感染，也可通过气源性媒介传播。

（4）流行季节：本病一年四季均可发生，以冬春季节发生较多。

2. 临床症状

不同日龄、不同品种、不同性别的鸡均可感染发病，其潜伏期从几小时到数天，最长可达 21 天。发病率高，可造成大批死亡。病鸡体温明显升高，精神极度沉郁，羽毛松乱，头和翅下垂。脚部鳞片出血。母鸡产蛋量下降，蛋形变小，品质变差，流泪，头和眼睑肿胀。有的病鸡感染后冠和肉髯发绀、肿胀。有的病鸡出现神经症状，共济失调。

图 3-1　病鸡精神极度沉郁，羽毛松乱，头和翅下垂

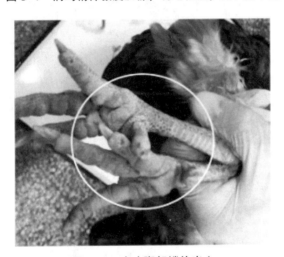

图 3-2　病鸡脚部鳞片出血

3. 病理剖检变化

病/死鸡剖检见胰腺出血和坏死；腺胃乳头、黏膜出血，乳头分泌物增多，肌胃角质层下出血；气管黏膜和气管环出血；消化道黏膜广泛出血，尤其是十二指肠黏膜和盲肠扁桃体出血更为明显；心冠脂肪、心肌出血；肝脏、脾脏、肺脏、肾脏出血；蛋鸡或种鸡卵泡充血、出血、变性，或破裂后导

致腹膜炎，输卵管黏膜广泛出血，黏液增多。颈部皮下有出血点和胶冻样渗出。有的病鸡见腿部肿胀、肌肉有散在的小出血点。

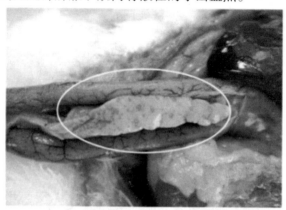

图 3-3　病死鸡胰腺出血和坏死

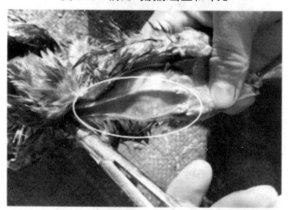

图 3-4　气管黏膜和气管环出血

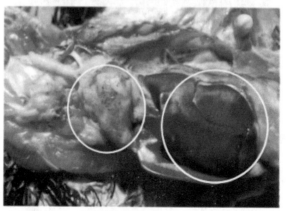

图 3-5　病鸡的冠状脂肪、心肌及肝脏出血

图 3-6　病鸡的脾脏出血

图 3-7　病鸡的肺脏出血

4. 类症鉴别

（1）该病出现的大量死亡与典型新城疫、鸡传染性法氏囊病、肾型 /
支气管堵塞型传染性支气管炎、禽脑脊髓炎、败血性大肠杆菌病、急性禽
霍乱、鸡白痢 / 鸡副伤寒、鸡曲霉菌病、鸡球虫病、黄曲霉毒素中毒、磺胺
类药物中毒、一氧化碳中毒、中暑等病出现的症状相似，应注意鉴别。

（2）该病表现出的呼吸困难（气管啰音、甩头、张口伸颈呼吸）等症
状与新城疫、传染性喉气管炎、传染性鼻炎等疾病有相似之处，具体鉴别
要点请参照"鸡传染性支气管炎"类症鉴别相关部分的叙述。

（3）该病出现的产蛋下降等症状与新城疫、传染性喉气管炎、鸡传染性支气管炎、产蛋下降综合征等疾病有相似之处，应注意区别。

5. 预防

（1）免疫接种。①疫苗的种类：灭活疫苗有 H5 亚型、H9 亚型、H5-H9 亚型二价和变异株疫苗四类。H5 亚型有 N28 株（H5N2 亚型，从国外引进，曾用于售往香港和澳门的活鸡免疫）、H5N1 亚型毒株、H5 亚型变异株（2006 年起已在北方部分地区使用）、H5N1 基因重组病毒 Re-1 株（是 GS/GD/96/PR8 的重组毒，广泛用于鸡和水禽）等；重组活载体疫苗有重组新城疫病毒活载体疫苗（rl-H5 株）和禽流感重组鸡痘病毒载体活疫苗。为了达到一针预防多病的效果，目前已经有禽流感与其它疫病的二联和多联疫苗。②免疫接种要求：国家对高致病性禽流感实行强制免疫制度，免疫密度必须达到 100%，抗体合格率达到 70% 以上。所用疫苗必须采用农业部批准使用的产品，并由动物防疫监督机构统一组织、逐级供应。所有易感禽类饲养者必须按国家制定的免疫程序做好免疫接种，当地动物防疫监督机构负责监督指导。预防性免疫，按农业部制定的免疫方案中规定的程序进行。a. 蛋鸡（包括商品蛋鸡与父母代种鸡）参考免疫程序：14 日龄首免，肌肉注射 H5N1 亚型禽流感灭活苗或重组新城疫病毒活载体疫苗。35 ~ 40 日龄时用同样免疫进行二免。开产前再用 H5N1 亚型禽流感灭活苗进行强化免疫，以后每隔 4 ~ 6 个月免疫一次。在 H9 亚型禽流感流行的地区，应免疫 H5 和 H9 亚型二价灭活苗。b. 肉鸡参考免疫程序：7 ~ 14 日龄时肌肉注射 H5N1 亚型或 H5 和 H9 二价禽流感灭活苗即可，或 7 ~ 14 日龄时用重组新城疫病毒活载体疫苗首免，2 周后用同样疫苗再免。

（2）加强饲养管理。坚持全进全出和 / 或自繁自养的饲养方式，在引进种鸡及产品时，一定要来自无禽流感的养鸡场；采取封闭式饲养，饲养人员进入生产区应更换衣、帽及鞋靴；严禁其它养鸡场人员参观，生产区设立消毒设施，对进出车辆彻底消毒，定期对鸡舍及周围环境进行消毒，加强带鸡消毒；设立防护网，严防野鸟进入鸡舍，养鸡场内 / 不同鸡舍之间严禁饲养其它家禽，多种家禽应分开饲养，尤其须与水禽分开饲养，避免不同家禽及野鸟之间的病原传播；定期消灭养禽场内的有害昆虫，如蚊、蝇及鼠类。

6. 临床用药指南

高致病性禽流感发生后请按照《中华人民共和国动物防疫法》和"高致病性禽流感疫情判定及扑灭技术规范"进行处理，在疫区或受威胁区，要用经农业部批准使用的禽流感疫苗进行紧急免疫接种。

（1）临床怀疑疫情的处置。对发病场（户）实施隔离、监控，禁止禽类、禽类产品及有关物品移动，并对其内、外环境实施严格的消毒措施。

（2）疑似疫情的处置。当确认为疑似疫情时，扑杀疑似禽群，对扑杀禽、病死禽及其产品进行无害化处理，对其内、外环境实施严格的消毒措施，对污染物或可疑污染物进行无害化处理，对污染的场所和设施进行彻底消毒，限制发病场（户）周边 3 公里的家禽及其产品移动。

（3）确诊疫情的处置。疫情确诊后立即启动相应级别的应急预案，依法扑灭疫情。

3.1.2 低致病性禽流感

低致病性禽流感主要由中等毒力以下禽流感病毒（如 H9 亚型禽流感病毒）引起，以产蛋鸡产蛋率下降或青年鸡的轻微呼吸道症状和低死亡率为特征，感染后往往造成鸡群的免疫力下降，易发生并发或继发感染。

1. 临床症状

病初表现体温升高，精神沉郁，采食量减少或急骤下降，排黄绿色稀便，出现明显的呼吸道症状（咳嗽、啰音、打喷嚏、伸颈张口、鼻窦肿胀等），后期部分鸡有神经症状（头颈后仰、抽搐、运动失调、瘫痪等）。产蛋鸡感染后，蛋壳质量变差、畸形蛋增多，产蛋率下降，严重时可停止产蛋。

2. 病理剖检变化变

剖检病 / 死鸡可见口腔及鼻腔积存黏液，并常混有血液；腺胃乳头及其它内脏器官轻度出血；产蛋鸡卵泡充血、出血、变形、破裂，输卵管内有白色或淡黄色胶冻样或干酪样物。

3. 预防

免疫程序和接种方法同高致病性禽流感，只是所用疫苗必须含有与养禽场所在地一致的低致病性禽流感的毒株即可。H9 亚型有 SS 株和 F 株等，均为 H9N2 亚型。

4. 临床用药指南

对于低致病性鸡流感，应采取"免疫为主，治疗、消毒、改善饲养管理和防止继发感染为辅"的综合措施。特异性抗体早期治疗有一定的效果。抗病毒药对该病毒有一定的抑制作用，可降低死亡率，但不能降低感染率，用药后病鸡仍向外界排出病毒。应用抗生素可以减轻支原体和细菌性并发感染，应用清热解毒、止咳平喘的中成药可以缓解本病的症状，饮水中加入多维电解质可以提高鸡的体质和抗病力。

（1）特异抗体疗法。立即注射抗禽流感高免血清或卵黄抗体，每羽按 2 ～ 3 毫升 / 千克体重肌肉注射。

（2）抗病毒。请参照"鸡传染性支气管炎"的抗病毒疗法。

（3）合理使用抗生素对症治疗。中药与抗菌西药结合，如每羽成年鸡按板蓝根注射液（口服液）1～4毫升，一次肌肉注射／口服；阿莫西林按0.01%～0.02%浓度混饮或混饲，每天2次，连用3～5天。联用的抗菌药应对症选择，如针对大肠杆菌的可用阿莫西林＋舒巴坦，或阿莫西林＋乳酸环丙沙星，或单纯阿莫西林；针对呼吸道症状的可用罗红霉素＋氧氟沙星，或多西环素＋氧氟沙星，或阿奇霉素；兼治鼻炎可用泰灭净。

（4）正确运用药物使用方法。如多西环素与某些中药口服液混饮会加重苦味，若鸡群厌饮、拒饮，一是改用其它药物，二是改用注射给药；如食欲不佳的病鸡不宜用中药散剂拌料喂服，可改用中药口服液的原液（不加水）适量灌服，1天1～2次，连续2～4天。

3.2 新城疫

是由副粘病毒科副粘病毒亚科腮腺炎病毒属的禽副粘病毒引起禽的一种传染病。毒株间的致病性有差异，根据各亚型毒株对鸡的致病力的不同，将其分为典型新城疫和非典型新城疫。

3.2.1 典型新城疫

是由副粘病毒科副粘病毒亚科腮腺炎病毒属的禽副粘病毒引起禽的一种急性、热性、败血性和高度接触性传染病。临床上以发热、呼吸困难、排黄绿色稀便、扭颈、腺胃乳头出血、肠黏膜、浆膜出血等为特征。该病的分布广、传播快、死亡率高，它不仅可引起养鸡业的直接经济损失，而且可严重阻碍国内和国际的禽产品贸易。世界动物卫生组织（OIE）将其列为必须报告的动物疫病，我国将其列为一类动物疫病。

1. 流行特点

（1）易感动物：鸡、野鸡、火鸡、珍珠鸡、鹌鹑均易感，以鸡最易感。历史上有好几个国家因进口观赏鸟类而导致了本病的流行。

（2）传染源：病禽和带毒禽是本病主要传染源，鸟类也是重要的传播媒介。病毒存在于病鸡全身所有器官、组织、体液、分泌物和排泄物中。

（3）传播途径：病毒可经消化道、呼吸道、眼结膜、受伤的皮肤和泄殖腔黏膜侵入机体。

（4）流行季节：本病一年四季均可发生，但以春秋季多发。

2. 临床症状

非免疫鸡群感染时，可在 4 ~ 5 天内波及全群，发病率、死亡率可高达 90% 以上。临床症状差异较大，严重程度主要取决于感染毒株的毒力、免疫状态、感染途径、品种、日龄、其它病原混合感染情况及环境因素等。根据病毒感染鸡所表现临床症状的不同，可将新城疫病毒分为 5 种致病型，即（1）嗜内脏速发型：以消化道出血性病变为主要特征，死亡率高；（2）嗜神经速发型：以呼吸道和神经症状为主要特征，死亡率高；（3）中发型：以呼吸道和神经症状为主要特征，死亡率低；（4）缓发型：以轻度或亚临床性呼吸道感染为主要特征；（5）无症状肠道型：以亚临床性肠道感染为主要特征。其共有的典型症状有：发病急、死亡率高；体温升高，精神极度沉郁，羽毛逆立，不愿运动；呼吸困难；食欲下降，粪便稀薄，呈黄绿色或黄白色；发病后期可出现各种神经症状，多表现为扭颈或斜颈、翅膀麻痹等；有的病鸡嗉囊积液，倒提病鸡可从其口腔流出黏液。在免疫鸡群表现为产蛋下降。

3. 病理剖检变化

病 / 死鸡剖检可见全身黏膜和浆膜出血，以呼吸道和消化道最为严重。腺胃黏膜水肿，整个乳头出血，肌胃角质层下出血；整个肠黏膜严重出血，有的肠道浆膜面还有大的出血点；十二指肠后段弥漫性出血，盲肠扁桃体肿大、出血甚至坏死，直肠黏膜呈条纹状出血。鼻道、喉、气管黏膜充血，偶有出血，肺可见淤血和水肿。有的病鸡可见皮下和腹腔脂肪出血，有的病例见脑膜充血和出血。蛋鸡或种鸡卵泡充血、出血、变性，破裂后可导致卵黄性腹膜炎。

图 3-8　盲肠扁桃体和直肠出血

图 3-9　气管黏膜和气管环出血

4.类症鉴别

请参考禽流感类症鉴别部分的叙述。

5.预防

以免疫为主，采取"扑杀与免疫相结合"的综合性防治措施。

（1）免疫接种。国家对新城疫实施全面免疫政策。免疫按农业部制定的免疫方案规定的程序进行。所用疫苗必须是经国务院兽医主管部门批准使用的新城疫疫苗。a.非疫区（或安全鸡场）的鸡群：一般在 10 ~ 14 日龄用鸡新城疫Ⅱ系（B1 株）、Ⅳ系（La Sota 株）、C30、N79、V4 株等弱毒苗点眼或滴鼻，25 ~ 28 日龄时用同样的疫苗进行点眼、滴鼻或饮水免疫，并同时肌肉注射 0.3 毫升的新城疫油佐剂灭活苗。疫区鸡群于 4 ~ 7 日龄用鸡新城疫弱毒苗首免（滴鼻或点眼），17 ~ 21 日龄用同样的疫苗同样的方法二免，35 日龄三免（饮水）。若在 70 ~ 90 天之间抗体水平偏低，再补做一次弱毒苗的气雾免疫或Ⅰ系苗接种，120 天和 240 天左右分别进行一次油佐剂灭活苗加强免疫即可。当鸡场与水禽养殖场较近时，应注意使用含基因Ⅶ型的新城疫疫苗。b.紧急免疫接种：当鸡群受到新城疫威胁时（免疫失败或未作免疫接种的情况下）应进行紧急免疫接种，经多年实践证明，紧急注射接种可缩短流行过程，是一种较经济而积极可行的措施。当然，此种做法会加速鸡群中部分潜在感染鸡的死亡。

（2）加强饲养管理。坚持全进全出和 / 或自繁自养的饲养方式，在引进种鸡及产品时，一定要来自无新城疫的养鸡场；采取封闭式饲养，饲养人员进入生产区应更换衣、帽及鞋靴；严禁其它养鸡场人员参观，生产区设立消毒设施，对进出车辆彻底消毒，定期对鸡舍及周围环境进行消毒，加强带鸡消毒；设立防护网，严防野鸟进入鸡舍；多种家禽应分开饲养，尤其须与水禽分开饲养；定期消灭养禽场内的有害昆虫（如蚊、蝇）及鼠类。

6. 临床用药指南

新城疫发生后请按照《中华人民共和国动物防疫法》和"新城疫防治技术规范"进行处理。具体内容请参考禽流感对应部分的叙述。

3.2.2 非典型新城疫

近十几年来，发现鸡群免疫接种新城疫弱毒型疫苗后，以高发病率、高死亡率、暴发性为特征的典型新城疫已十分罕见，代之而起的低发病率、低死亡率、高淘汰率、散发的非典型新城疫却日渐流行。

1. 临床症状

非典型新城疫多发生于 30 ~ 40 日龄的免疫鸡群和有母源抗体的雏鸡群，发病率和死亡率均不高。患病雏鸡主要表现为明显的呼吸道症状，病鸡张口伸颈、气喘、呼吸困难，有"呼噜"的喘鸣声，咳嗽，口中有黏液，有摇头和吞咽动作。除有死亡外，病鸡还出现神经症状，如歪头、扭颈、共济失调、头后仰呈观星状，转圈后退、翅下垂或腿麻痹、安静时恢复常态，尚可采食饮水，病程较长，有的可耐过，稍遇刺激即可发作。成年鸡和开产鸡症状不明显，且极少死亡。蛋鸡产蛋量急剧下降，一般下降20% ~ 30%，软壳蛋、畸形蛋和粗壳蛋明显增多。种蛋的受精率、孵化率降低，弱雏增多。

2. 病理剖检变化

病/死鸡眼观病变不明显。雏鸡一般见喉头和气管明显充血、水肿、出血、有多量粘液；30% 病鸡的腺胃乳头肿胀、出血；十二指肠淋巴滤泡增生或有溃疡；泄殖腔黏膜出血，盲肠、扁桃体肿胀出血等；成鸡发病时病变不明显，仅见轻微的喉头和气管充血；蛋鸡卵巢出血，卵泡破裂后因细菌继发感染引起腹膜炎和气囊炎。

3. 预防

加强饲养管理，严格消毒制度；运用免疫监测手段：提高免疫应答的整齐度，避免"免疫空白期"和"免疫麻痹"；制定合理的免疫程序，选择正确的疫苗，使用正确的免疫途径进行免疫接种。表 3-3 为临床实践中已经取得良好效果的预防鸡非典型新城疫的疫苗使用方案，供参考。

表 3-3　临床上控制鸡非典型新城疫的疫苗使用方案

免疫时间	疫苗种类	免疫方法
1 日龄	C30+Ma5	点眼
21 日龄	C30	点眼
8 周龄	Ⅳ系、N79、V4 等	点眼 / 饮水
13 周龄	Ⅳ系、N79、V4 等	点眼 / 饮水
16 ~ 18 周龄	Ⅳ系、N79、V4 等 新支减流四联油乳剂灭活疫苗	点眼 / 饮水 肌注
35 ~ 40 周龄	Ⅳ系、N79、V4 等 新流二联油乳剂灭活疫苗	点眼 / 饮水 肌注

注：为加强鸡的局部免疫，可在 16 ~ 18 周龄与 35 ~ 40 周龄中间，采用喷雾法免疫 1 次鸡新城疫弱毒苗，以获得更全面的保护。

4. 临床用药指南

请参照低致病性禽流感中对应内容的叙述。

3.3 鸡传染性法氏囊病

鸡传染性法氏囊病又称甘布罗病（Gumboro Disease）、传染性腔上囊炎，是由双 RNA 病毒科禽双 RNA 病毒属病毒引起的一种急性、高度接触性和免疫抑制性的禽类传染病。临床上以排石灰水样粪便，法氏囊显著肿大并出血，胸肌和腿肌呈斑块状出血为特征。

1. 流行特点

（1）易感动物：主要感染鸡和火鸡，鸭、珍珠鸡、鸵鸟等也可感染。火鸡多呈隐性感染。

（2）传染源：主要为病鸡和带毒禽。病禽在感染后 3 ~ 11 天排毒达到高峰，该病毒耐酸、耐碱，对紫外线有抵抗力，在鸡舍中可存活 122 天，在受污染饲料、饮水和粪便中 52 天仍有感染性。

（3）传播途径：主要经消化道、眼结膜及呼吸道感染。

（4）流行季节：本病无明显季节性。

2. 临床症状

本病的潜伏期一般为 7 天。在自然条件下，3 ~ 6 周龄鸡最易感。常为突然发病，迅速传播，同群鸡约在 1 周内均可被感染，感染率可达 100%，若不采取措施，邻近鸡舍在 2 ~ 3 周后也可被感染发病，一般发病后第 3 天开始死亡（见图 6-3），5 ~ 7 天内死亡达到高峰并很快减少，呈尖峰形死亡曲线。死亡率一般为 10% ~ 30%，最高可高达 40%。病鸡初、中期体温升高可达 43 ℃，后期体温下降。表现为昏睡、呆立、羽毛逆立、翅膀下垂等症状（见图 6-4）；病鸡以排白色石灰水样稀便为主（见图 6-5），泄殖腔周围羽毛常被白色石灰样粪便污染，趾爪干枯（见图 6-6），眼窝凹陷，最后衰竭而死。有时病鸡频频啄肛，严重者尾部被啄出血。发病 1 周后，病亡鸡数逐渐减少，迅速康复。

3. 病理剖检变化

病 / 死鸡通常呈现脱水，胸部、腿部肌肉常有条状、斑点状出血。法氏囊先肿胀、后萎缩。在感染后 2 ~ 3 天，法氏囊呈胶冻样水肿，体积和重量会增大至正常的 1.5 ~ 4 倍；法氏囊切开后，可见内壁水肿、少量出血或坏死灶，有的有多量黄色粘液或奶油样物。感染 3 ~ 5 天的病鸡可见整个法氏囊广泛出血，如紫色葡萄；法氏囊切开后，可见内壁黏膜严重充血、出血，常见有坏死灶。感染 5 ~ 7 天后，法氏囊会逐渐萎缩，重量为正常的 1/3 ~ 1/5，颜色由淡粉红色变为蜡黄色；但法氏囊病毒变异株可在 72 小时内引起法氏囊的严重萎缩。死亡及病程后期的鸡肾肿大，尿酸盐沉积，呈花斑肾。肝脏呈土黄色，有的伴有出血斑点。有的感染鸡在腺胃与肌胃之间有出血带；有的感染鸡的胸腺可见出血点；脾脏可能轻度肿大，表面有弥漫性的灰白色的病灶。

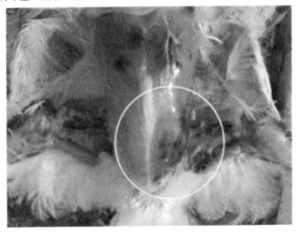

图 3-10　病鸡胸肌出血

图 3-11 病鸡腿肌出血

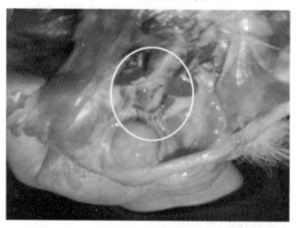

图 3-12 病鸡的法氏囊外观呈胶冻样水肿

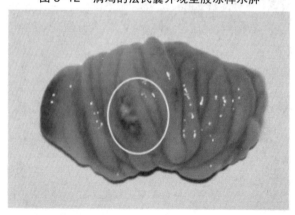

图 3-13 病鸡的法氏囊切开后内壁水肿，有少量出血和坏死

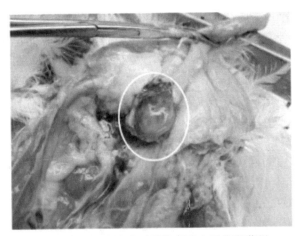

图 3-14　病鸡的法氏囊外观出血呈紫葡萄样

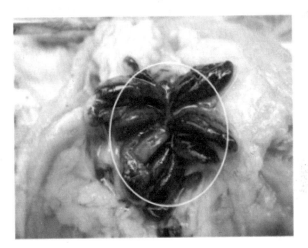

图 3-15　病鸡的法氏囊切开后内壁严重出血

4. 类症鉴别

本病出现的肾脏肿大、内脏器官尿酸盐沉积与磺胺类药物中毒、肾型传染性支气管炎、鸡痛风等出现的病变类似，详细鉴别请参考第五章中"鸡痛风"的类症鉴别对应部分的内容。

5. 预防

实行"以免疫为主"的综合性防治措施。

（1）免疫接种。①免疫接种要求。根据当地流行病史、母源抗体水平、禽群的免疫抗体水平监测结果等合理制定免疫程序、确定免疫时间及使用疫苗的种类，按疫苗说明书要求进行免疫。必须使用经国家兽医主管部门批准的疫苗。②疫苗种类。鸡传染性法氏囊病的疫苗有两大类，活疫苗和灭活苗。活疫苗分为三种类型，一类是温和型或低毒力型的活苗如A80、D78、PBG98、LKT、Bu-2、LID228、CT等；一类是中等毒力型活苗如J87、B2、D78、S706、BD、BJ836、TAD、Cu-IM、B87、NF8、K85、MB、Lukert细胞毒等；另一类是高毒力型的活疫苗如初代次的2512毒株、J1株等。灭活苗如CJ-801-BKF株、X株、强毒G株等。③鸡的免疫参考程序。a.对于母源抗体水平正常的种鸡群，可于2周龄时选用中等毒力活疫苗首免，5周龄时用同样疫苗二免，产蛋前（20周龄时）和38周龄时各注射油佐剂灭活苗1次。b.对于母源抗体水平正常的肉用雏鸡或蛋鸡，10~14日龄选用中等毒力活疫苗首免，21~24日龄时用同样疫苗二免。对于母源抗体水平偏高的肉用雏鸡或蛋鸡，18日龄选用中等毒力活疫苗首免，28~35日龄时用同样疫苗二免。c.对于母源抗体水平低或无的肉用雏鸡或蛋鸡，1~3日龄时用低毒力活疫苗如D78株首免，或用1/2~1/3剂量的中等毒力活疫苗首免，10~14日龄时用同样疫苗二免。

（2）加强监测。①监测方法。以监测抗体为主。可采取琼脂扩散试验、病毒中和试验方法进行监测。②监测对象。鸡、鸭、火鸡等易感禽类。③监测比例。规模养禽场至少每半年监测一次。父母代以上种禽场、有出口任务养禽场的监测，每批次（群）按照0.5%的比例进行监测；商品代养禽场，每批次（群）按照0.1%的比例进行监测。每批次（群）监测数量不得少于20份。散养禽以及对流通环节中的交易市场、禽类屠宰厂（场）、异地调入的批量活禽进行不定期的监测。④监测样品。血清或卵黄。⑤监测结果及处理。监测结果要及时汇总，由省级动物防疫监督机构定期上报至中国动物疫病预防控制中心。监测中发现因使用未经农业部批准的疫苗而造成的阳性结果的禽群，一律按传染性法氏囊病阳性的有关规定处理。

（3）引种检疫。国内异地引入种禽及其精液、种蛋时，应取得原产地动物防疫监督机构的检疫合格证明。到达引入地后，种种禽必须隔离饲养7天以上，并由引入地动物防疫监督机构进行检测，合格后方可混群饲养。

（4）加强饲养管理，提高环境控制水平。饲养、生产、经营等场所必须符合《动物防疫条件审核管理办法》（农业部15号令）的要求，并须取得动物防疫合格证。饲养场实行全进全出饲养方式，控制人员出入，严格执行清洁和消毒程序。各饲养场、屠宰厂（场）、动物防疫监督检查站等要建立严格的卫生（消毒）管理制度。

6.临床用药指南

宜采取抗体疗法，同时配合抗病毒、对症治疗。

（1）抗体疗法。①高免血清。利用鸡传染性法氏囊病康复鸡的血清

（中和抗体价在 1:1024 ~ 1:4096 之间）或人工高免鸡的血清（中和抗体价在 1:16000–32000），每只皮下或肌肉注射 0.1 ~ 0.3 毫升，必要时第二天再注射 1 次。②高免卵黄抗体。每羽皮下或肌肉注射 1.5 ~ 2.0 毫升，必要时第二天再注射 1 次。利用高免卵黄抗体进行法氏囊病的紧急治疗效果较好，但也存在一些问题。一是卵黄抗体中可能存在垂直传播的病毒如禽白血病、减蛋综合症等和病菌如大肠杆菌病或沙门氏菌等，接种后造成新的感染；二是卵黄中含有大量蛋白质，注射后可能造成应激反应和过敏反应等；三是卵黄液中可能含有多种疫病的抗体，注射后干扰预定的免疫程序，导致免疫失败。

（2）抗病毒。防治本病的抗病毒的商品中成药有：速效管囊散、速效囊康、独特（荆防解毒散）、克毒 II 号、瘟病消、瘟喘康、黄芪多糖注射液（口服液）、芪蓝囊病饮、病菌净口服液，抗病毒颗粒等。

（3）对症治疗。在饮水中加入肾肿解毒药 / 肾肿消 / 益肾舒 / 激活 / 肾宝 / 活力健 / 肾康 / 益肾舒 / 口服补液盐（氯化钠 3.5 克、碳酸氢纳 2.5 克、氯化钾 1.5 克、葡萄糖 20 克，水 2500 ~ 5000 毫升）等水盐及酸碱平衡调节剂让鸡自饮或喂服，每天 1 ~ 2 次，连用 3 ~ 4 天。同时在饮水中抗菌素（如环丙沙星、氧氟沙星、卡那霉素等）和 5% 的葡萄糖，效果更好。

附：变异株传染性法氏囊病

自从 1985 年 J.K. Rosenberger 在美国首次证实传染性法氏囊病毒变异株流行以来，变异株传染性法氏囊病就成为养鸡者和学术研究人员关心的议题。

1. 发病日龄范围变宽

早发病例出现在 20 日龄之前，迟发病例推迟到 160 日龄，明显比典型传染性法氏囊病的发病日龄范围拓宽，即发病日龄有明显提前和拖后的趋势，特别是变异株传染性法氏囊病病毒引起的 3 周龄以内的鸡感染后通常不表现临床症状，而呈现早期亚临床型感染，可引起严重而持久的不可逆的免疫抑制；而 90 日龄时发病比例明显增大，这很可能与蛋鸡二免后出现的 90 日龄到开产之间的抗体水平较低有关，应该引起养鸡者的重视。

2. 多发于免疫鸡群

病程延长，死亡率明显降低，且有复发倾向，主要原因是免疫鸡群对鸡传染性法氏囊病毒有一定的抵抗力，个别或部分抗体水平较低的鸡只感染发病，成为传染源，不断向外排毒，其它鸡只陆续发病，从而延长了病程，一般病程超过 10 天，有的长达 30 多天。死亡率明显降低，一般在 2% 以下，个别达到 5%，此外治愈鸡群可再次发生本病。

3. 剖检变化不典型

法氏囊呈现的典型变化是明显减少；肌肉（腿肌、胸肌）出血的情况显著增加；肾脏肿胀较轻，尿酸盐很少沉积；病程越长，症状和病变越不明显，病鸡多出现食欲正常，粪便较稀，肛门清洁有弹性，肠壁肿胀呈黄色。

4. 预防

（1）加强种鸡免疫。发病日龄提前的一个主要原因，是雏鸡缺乏母源抗体的保护。较好的种鸡免疫程序是：种鸡用传染性法氏囊D78的弱毒苗进行二次免疫，在18~20周龄和40~42周龄再各注射一次油佐剂灭活苗。

（2）选用合适疫苗疫苗接种。是预防本病的主要途径，由于毒株变异或毒力变化，先前的疫苗和异地的疫苗难以奏效，应选用合适的疫苗（如含本地鸡场感染毒株或中等毒力的疫苗）。另外，灭活疫苗与活疫苗的配套使用也是很重要的。对于自繁自养的鸡场来说，从种鸡到雏鸡，免疫程序应当一体化，雏鸡群的首免可采用弱毒疫苗，然后用灭活疫苗加强免疫或弱毒疫苗与灭活疫苗配套使用的免疫程序。也可使用新型疫苗，如VP5基因缺失疫苗等。

（3）加强饲养管理。合理搭配饲料，减少应激，提高鸡机体的抗病力。

3.4 传染性喉气管炎

是由传染性喉气管炎病毒引起的一种急性、高度接触性上呼吸道传染病。临床上以发病急、传播快、呼吸困难、咳嗽、咳出血样渗出物、喉头和气管黏膜肿胀、糜烂、坏死、大面积出血和产蛋下降等为特征。我国将其列为二类动物疫病。

1. 流行特点

（1）易感动物：不同品种、性别、日龄的鸡均可感染本病，多见于育成鸡和成年产蛋鸡。

（2）传染源：病鸡、康复后的带毒鸡以及无症状的带毒鸡。

（3）传播途径：主要是通过呼吸道、眼结膜、口腔侵入体内，也可经消化道传播，是否经种蛋垂直传播还不清楚。

（4）流行季节：本病一年四季都可发生，但以寒冷的季节多见。

2. 临床症状

4~10月龄的成年鸡感染该病时多出现典型症状。发病初期，常有数只鸡突然死亡，其它病鸡开始流泪，流出半透明的鼻液。经1~2天后，病鸡出现特征性的呼吸道症状，包括伸颈、张嘴、喘气、打喷嚏，不时发出"咯-咯"声，并伴有啰音和喘鸣声，甩头并咳出血痰和带血液的黏性分泌物。在急性期，此类病鸡增多，带血样分泌物污染病鸡的嘴角、颜面及头部羽毛，也污染鸡笼、垫料、水槽及鸡舍墙壁等。多数病鸡体温升高43℃以上，间有下痢。最后病鸡往往因窒息而死亡。本病的病程不长，通常 7 日左右症状消失，但大群笼养蛋鸡感染时，从发病开始到终止大约需要 4～5 周。产蛋高峰期产蛋率下降 10%～20% 的鸡群，约 1 月后恢复正常；而产蛋量下降超过 40% 的鸡群，一般很难恢复到产前水平。

3. 病理剖检变化

病/死鸡口腔、喉头和气管上 1/3 处黏膜水肿，严重者气管内有血样黏条，喉头和气管内覆盖黏液性分泌物，病程长的则形成黄色干酪样物，气管形成假膜，严重时形成黄色栓子，阻塞喉头；去除渗出物后可见渗出物下喉头和气管环出血。严重的病例可见喉头、气管的渗出物脱落堵塞下面的支气管。眼结膜水肿充血，出血，严重的眶下窦水肿出血。产蛋鸡卵泡萎缩变性。部分病死鸡可因内脏瘀血和气管出血而导致胸肌贫血。

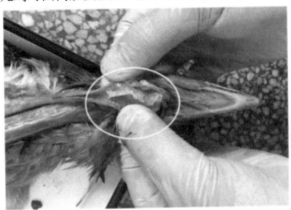

图3-16　病鸡喉头的黄白色渗出物

图3-17　病鸡喉头的干酪样渗出物阻塞气管

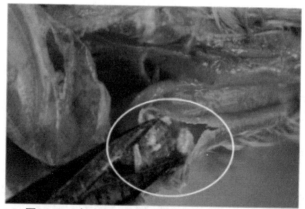

图3-18　去除喉头的干酪样渗出物见其下方出血

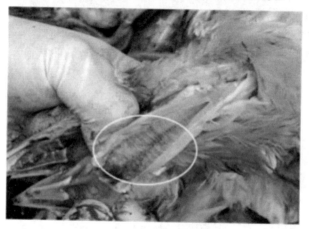

图3-19　去除喉头和气管的渗出物见喉头及气管环出血

4. 预防

（1）免疫接种。现有的疫苗有冻干活疫苗、灭活苗和基因工程苗等。首免应选用毒力弱、副作用小的疫苗（如传染性喉气管炎－禽痘二联基因工程苗），二免可选择毒力强、免疫原性好的疫苗（如传染性喉气管炎弱毒疫苗）。现仅提供几种免疫程序，供参考。①未污染的蛋鸡和种鸡场：50日龄首免，选择冻干活疫苗，点眼的方式进行，90日龄时同样疫苗同样方法再免一次。②污染的鸡场：30～40日龄首免，选择冻干活疫苗，点眼的方式进行，80～110日龄用同样疫苗同样方法二免；或20～30日龄首免，选择基因工程苗，以刺种的方式进行接种，80～90日龄时选用冻干活疫苗，点眼的方式进行二免。

（2）加强饲养管理，严格检疫和淘汰。改善鸡舍通风，注意环境卫生，并严格执行消毒卫生措施。不要引进病鸡和带毒鸡。病愈鸡不可与易感鸡混群饲养，最好将病愈鸡淘汰。

5. 临床用药指南

早期确诊后可紧急接种疫苗或注射高免血清，有一定效果。投服抗菌药物，对防止继发感染有一定的作用，采取对症疗法可减少死亡。

（1）紧急接种。用传染性喉气管炎活疫苗对鸡群作紧急接种，采用泄殖腔接种的方式。具体做法为：每克脱脂棉制成 10 个棉球，每个鸡用 1 个棉球，以每个棉球吸水 10 毫升的量计算稀释液，将疫苗稀释成每个棉球含有 3 倍的免疫量，将棉球浸泡其中后，用镊子夹取 1 个棉球，通过鸡肛门塞入泄殖腔中并旋转晃动，使其向泄殖腔四壁涂抹，然后松开镊子并退出，让棉球暂留于泄殖腔中。

（2）加强消毒和饲养管理。发病期间用 12.8% 的戊二醛溶液按 1：1000，10% 的聚维酮碘溶液按 1：500 喷雾消毒，1 天 1 次，交替进行；提高饲料蛋白质和能量水平，并注意营养要全面和适口性。

（3）对症疗法。用"麻杏石甘口服液"饮水，用以平喘止咳，缓解症状；干扰素肌注，每瓶用 250 毫升生理盐水稀释后每只鸡注射 1 毫升；用喉毒灵给鸡饮水或中药制剂喉炎净散拌料，同时在饮水中加入林可霉素（每升饮水中加 0.1 克）或在饲料中加入强力霉素粉剂（每百斤饲料中加入 5～10克）以防止继发感染，连用 4 天；0.02% 氨茶碱饮水，连用 4 天；饮水中加入黄芪多糖，连用 4 天。

3.5 传染性支气管炎

鸡传染性支气管炎是由传染性支气管炎病毒引起的急性、高度接触性呼吸道传染病。鸡以呼吸型（包括支气管堵塞）、肾型、腺胃型为主。产蛋鸡则以畸形蛋、产蛋率明显下降、蛋的品质降低为主，其呼吸道症状轻微，死亡率较低。目前 IB 已蔓延至我国大部分地区，给养鸡业造成了巨大的经济损失。此处仅介绍呼吸型传染性支气管炎，其它的内容见本书相关的其它章节。

1. 流行特点

（1）易感动物：各种日龄的鸡均易感，但以雏鸡和产蛋鸡发病较多。

（2）传染源：病鸡和康复后的带毒鸡。

（3）传播途径：病鸡从呼吸道排毒，主要经空气中的飞沫和尘埃传播，此外，人员、用具及饲料等也是传播媒介。该病在鸡群中传播迅速，有接触史的易感鸡几乎可在同一时间内感染，在发病鸡群中可流行 2 ~ 3 周，雏鸡的病死率在 6% ~ 30%，病愈鸡可持续排毒达 5 周以上。

（4）流行季节：多见于秋末至翌年春末，冬季最为严重。

2. 临床症状与病理剖检变化

雏鸡发病后表现为流鼻液、打喷嚏、伸颈张口呼吸。安静时，可以听到病鸡的呼吸道啰音和嘶哑的叫声。病鸡畏寒打堆，精神沉郁，闭眼蹲卧，羽毛蓬松无光泽。病鸡食欲下降或不食。部分鸡病鸡排黄白色稀粪，趾爪因脱水而干瘪。剖检可见：有的病鸡气管、支气管、鼻腔和窦内有水样或黏稠的黄白色渗出物，气管环出血，气管黏膜肥厚，气囊混浊、变厚、有渗出物；有的病鸡在气管内有灰白色/痰状栓子；有的病鸡的支气管及细支气管被黄色干酪样渗出物部分或完全堵塞，肺充血、水肿或坏死。

青年鸡/育成鸡发病后气管炎症明显，出现呼吸困难，发出"喉喉"的声音；因气管内有多量黏液，病鸡频频甩头，伴有气管啰音，但是流鼻液不明显。有的病鸡在发病 3 ~ 4 天后出现腹泻，粪便呈黄白色或绿色。病程 7 ~ 14 天，死亡率较低。

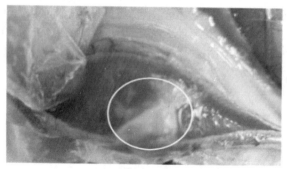

图3-20　病鸡气管内的黄白色渗出物

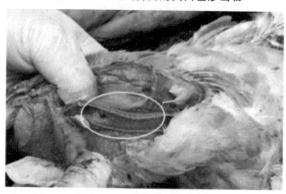

图3-21　病鸡气管环出血

图3-22　病鸡气管内有灰白色渗出物栓子

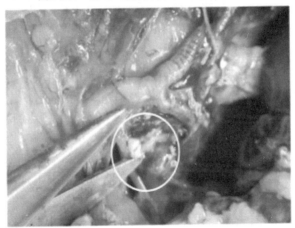

图3-23　病鸡的两侧支气管内有灰白色堵塞物

3.类症鉴别

该病型(呼吸型)所表现出的呼吸困难(气管啰音、甩头、张口伸颈呼吸)等症状与新城疫、禽流感、传染性喉气管炎、传染性鼻炎等疾病有相似之处,应注意区别。

(1)与新城疫的鉴别诊断。新城疫病鸡表现的呼吸道症状与传染性支气管炎病鸡的症状相似,发病日龄也较接近,鉴别要点是,一是传播速度不同,传染性支气管炎传播迅速,短期内可波及全群,发病率高达90%以上。新城疫因大多数接种了疫苗,临床表现多为亚急性新城疫,发病率不高。二是新城疫病鸡除呼吸道症状外,还表现歪头、扭颈、站立不稳等神经症状,传染性支气管炎病鸡无神经症状。三是剖检病变不同,新城疫病鸡腺胃乳头出血或出血不明显，盲肠扁桃体肿胀、出血，而传染性支气管炎病鸡无消化道病变，肾型传支病例可见肾脏和输尿管的尿酸盐沉积，腺胃型传支病例可见腺胃肿大。

（2）与禽流感的鉴别诊断。高致病性禽流感病鸡表现的呼吸道症状与传染性支气管炎相似，鉴别要点是，一是传染性支气管炎仅发生于鸡，各种年龄的鸡均有易感性，但雏鸡发病最为严重，死亡率最高，而禽流感的发生没有日龄上的差异。二是传染性支气管炎病鸡剖检仅表现鼻腔、鼻窦、气管和支气管的卡他性炎症，有浆液性或干酪样渗出，肾型传支病鸡的肾脏多有尿酸盐沉积，其余脏器的病变较少见，而禽流感表现喉头、气管环的充血或出血，肾脏多肿胀充血或出血，仅输尿管有少量尿酸盐沉积，且其他脏器也有变化，如腺胃乳头肿胀、出血等。

（3）与传染性喉气管炎的鉴别诊断。传染性喉气管炎病鸡表现的呼吸道症状与传染性支气管炎相似，且传播速度也很快，鉴别要点①发病日龄不同，传染性喉气管炎主要见于成年鸡，而传染性支气管炎以 10 日龄～6 周龄的雏鸡最为严重。②成年鸡发病时二者均可见产蛋量下降，且软蛋、畸形蛋、粗壳蛋明显增多，传染性支气管炎病鸡产的蛋质量更差，蛋白稀薄如水、蛋黄和蛋白分离等。③这两种病鸡的气管都有一定程度的炎症，相比之下传染性喉气管炎病鸡的气管变化更严重，可见粘膜出血，气管腔内有血性粘液或血凝块或黄白色假膜。④肾型传支病例剖检可见肾肿大、出血、肾小管和输尿管有尿酸盐沉积，而传染性喉气管炎病例无这一病变。

（4）与传染性鼻炎的鉴别诊断。传染性鼻炎病鸡表现的呼吸道症状与传染性支气管炎相似，且传播速度也很快，鉴别要点是，一是发病日龄不同，传染性鼻炎可发生于任何年龄鸡，但以育成鸡和产蛋鸡多发，而传染性支气管炎以10日龄～6周龄的雏鸡最为严重。二是成年鸡发病时二者均可见产蛋量下降，且软蛋、畸形蛋、粗壳蛋明显增多，传染性支气管炎病鸡产的蛋质量更差，蛋白稀薄如水、蛋黄和蛋白分离等。三是临床表现不同，传染性鼻炎病鸡多见一侧脸面肿胀，有的肉垂水肿。四是病原类型不同，传染性支气管炎是病毒引起的，而传染性鼻炎是由副鸡嗜血杆菌引起的，在疾病初期用磺胺类药物可以快速控制该病。

4. 预防

重视鸡传染性支气管炎变异株的免疫预防，如变异型传染性支气管炎（4/91 或 793/B），防止支气管堵塞的发生；重视鸡传染性支气管炎病毒对新城疫疫苗免疫的干扰，因传染性支气管炎病毒对新城疫病毒有免疫干扰作用，所以两者如使用单一疫苗需间隔 10 天以上。

（1）免疫接种。临床上进行相应毒株的疫苗接种可有效预防本病。该病的疫苗有呼吸型毒株（如 H120、H52、M41 等）和多价活疫苗以及显影的灭活疫苗。由于本病的发病日龄较早，建议采用以下免疫程序：雏鸡 1 ~ 3 日龄用 H120（或 Ma5）滴鼻或点眼免疫，21 日龄用 H52 滴鼻或饮水免疫，以后每 3 ~ 4 个月用 H52 饮水 1 次。产蛋前 2 周用含有鸡传染性支气管炎毒株的灭活油乳剂疫苗免疫接种。

（2）做好引种和卫生消毒工作。防止从病鸡场引进鸡只，做好防疫、消毒工作，加强饲养管理，注意鸡舍环境卫生，做好冬季保温，并保持通风良好，防止鸡群密度过大，供给营养优良的饲料，有易感性的鸡不能和病愈鸡或来历不明的鸡接触或混群饲养。及时淘汰患病幼龄母鸡。

5. 临床用药指南

选用抗病毒药抑制病毒的繁殖，添加抗菌素防止继发感染，用黄芪多糖等提高鸡群的抵抗力，配合镇咳等进行对症治疗。

（1）抗病毒。在发病早期肌肉注射禽用基因干扰素 / 干扰素诱导剂 / 聚肌胞，每只 0.01 毫升，每天 1 次，连用 2 天，有一定疗效。或试用板蓝根注射液（口服液）、双黄连注射液（口服液）、柴胡注射液（口服液）、黄芪多糖注射液（口服液）、芪蓝囊病饮、板蓝根口服液（冲剂）、金银花注射液（口服液）、斯毒克口服液、抗病毒颗粒等。

（2）合理使用抗生素。如林可霉素，每 L 饮水中加 0.1 g；或强力霉素粉剂，50 kg 饲料中加入 5 ~ 10 g。此外还可选用土霉素、氟苯尼考、诺氟沙星、氨苄青霉素等。禁止使用庆大霉素、磺胺类药物等对肾有损伤的药物。

（3）对症治疗。用氨茶碱片口服扩张支气管，每只鸡每天 1 次，用量为 0.5 ~ 1 g，连用 4 天。

（4）中草药方剂治疗。选用清瘟散（取板蓝根 250 g，大青叶 100 g，鱼腥草 250 g，穿心莲 200 g，黄芩 250 g，蒲公英 200 g，金银花 50 g，地榆 100 g，薄荷 50 g，甘草 50 g。水煎取汁或开水浸泡拌料，供 1000 只鸡 1 天饮服或喂服，每天 1 剂，一般经 3 天好转。说明：如病鸡痰多、咳嗽，可加半夏、桔梗、桑白皮；粪稀，加白头翁；粪干，加大黄；喉头肿痛，加射干、山豆根、牛蒡子；热象重，加石膏、玄参）、定喘汤（取白果 9 g（去壳砸碎炒黄），麻黄 9 g，苏子 6 g，甘草 3 g，款冬花 9 g，杏仁 9 g，桑白皮 9 g，黄芩 6 g，半夏 9 g。加水 3 盅，煎成 2 盅，供 100 只鸡 2 次饮用，连用 2 ~ 4 天）等。

（5）加强饲养管理，合理配制日粮。提高育雏室温度 2 ℃ ~ 3 ℃，防止应激因素，保持鸡群安静；降低饲料蛋白质的水平，增加多种维生素（尤其是维生素 A）的用量，供给充足饮水。

3.6 产蛋下降综合征

是由禽腺病毒引起的一种传染病。临床上以产蛋量下降、蛋壳褪色、产软壳蛋或无壳蛋为特征。

1. 流行特点

（1）易感动物：所有品系的产蛋鸡都能感染，特别是产褐壳蛋的种鸡最易感。

（2）传染源：病鸡和带毒母鸡。

（3）传播途径：主要经卵垂直传播，种公鸡的精液也可传播；其次是鸡与鸡之间缓慢水平传播；第三是家养或野生的鸭、鹅或其它水禽，通过粪便污染饮水而将病毒传播给母鸡。

（4）流行季节：无明显的季节性。

2. 临床症状

（1）典型症状：26～32周龄产蛋鸡群突然产蛋下降，产蛋率比正常下降20%～30%，甚至达50%。病初蛋壳颜色变浅，随之产畸形蛋，蛋壳粗糙变薄，易破损，软壳蛋和无壳蛋增多，在15%以上。鸡蛋的品质下降，蛋白稀薄呈水样。病程一般为4～10周，无明显的其它表现。

（2）非典型症状：经过免疫接种但免疫效果差的鸡群发病症状会有明显差异，主要表现为产蛋期可能推迟，产蛋率上升速度较慢，高峰期不明显，少部分的鸡会产无壳蛋，且很难恢复。

3. 病理剖检变化

病鸡卵巢、输卵管萎缩变小或呈囊泡状，输卵管黏膜轻度水肿、出血，子宫部分水肿、出血，严重时形成小水疱。少部分鸡的生殖系统无明显的肉眼变化，只是子宫部的纹理不清晰，炎症轻微，且在下午五点左右子宫部的卵（鸡蛋）没有钙质沉积，故鸡产无壳蛋。

4. 预防

（1）预防接种。商品蛋鸡/种鸡16～18周龄时用鸡产蛋下降综合征（EDS76）灭活苗，鸡产蛋下降综合征和鸡新城疫二联灭活苗，或新城疫－鸡产蛋下降综合征－传染性支气管炎三联灭活油剂疫苗肌肉注射0.5毫升/只，一般经15天后产生抗体，免疫期6个月以上；在35周龄时用同样的疫苗进行二免。注意：在发病严重的鸡场，分别于开产前4～6周和2～4周各接种一次；在35周龄时用同样的疫苗再免疫一次。

（2）加强检疫。因本病主要是通过种蛋垂直传播，所以引种要从非疫区引进，引进种鸡要严格隔离饲养，产蛋后经血凝抑制试验鉴定，确认抗体阴性者，才能留作种用。

（3）严格卫生消毒。对产蛋下降综合征污染的鸡场（群），要严格执行兽医卫生措施。鸡场和鸭场之间要保持一定的距离，加强鸡场和孵化室的消毒工作，日粮配合时要注意营养平衡，注意对各种用具、人员、饮水和粪便的消毒。

（4）加强饲养管理。提供全价日粮，特别要保证鸡群必需氨基酸、维生素及微量元素的需要。

5. 临床用药指南

一旦鸡群发病，在隔离、淘汰病鸡的基础上，可进行疫苗的紧急接种，以缩短病程，促进鸡群早时康复。本病目前尚无有效的治疗方法，多采用对症疗法（如用中药清瘟败毒散拌料，用双黄连制剂、黄芪多糖饮水；同时添加维生素 AD3 和抗菌消炎药）。在产蛋恢复期，在饲料中可添加一些增蛋灵 / 激蛋散之类的中药制剂，以促进产蛋的恢复。

3.7 鸡传染性贫血

是由鸡传染性贫血病毒引起的以再生障碍性贫血和淋巴组织萎缩为特征的一种免疫抑制性疾病。目前该病在我国的邻国日本等地广泛存在，应引起兽医临床工作者的重视。

1. 流行特点

（1）易感动物：本病主要发生于 2～4 周龄雏鸡，发病率 100%，死亡率 10%～50%，肉鸡比蛋鸡易感，公鸡比母鸡易感。

（2）传染源：病鸡和带毒鸡是本病的主要传染源。

（3）传播途径：病毒主要经蛋垂直传播，一般在出壳后 2～3 周发病，也可经呼吸道、免疫接种、伤口等水平传播。

2. 临床症状

该病一般在感染 10 天后发病，病鸡表现为精神沉郁、衰弱、消瘦、行动迟缓、生长缓慢 / 体重减轻，鸡冠、肉垂等可视黏膜苍白，喙、脚颜色变白，翅膀皮炎或呈现蓝翅，下痢。病程 1～4 周左右。

3. 病理剖检变化

病鸡血稀、色淡（见图 4-2），血凝时间延长，血细胞比容值可下降 20% 以下，重症者可降到 10% 以下。全身肌肉及各脏器均呈贫血状态（见

图4-3），胸腺显著萎缩甚至完全退化，呈暗红褐色，骨髓褪色呈脂肪色、淡黄色或粉红色，偶有出血肿胀。肝脏、脾脏及肾脏肿大、褪色，有时肝脏黄染，有坏死灶。严重贫血鸡可见腺胃／肌胃黏膜糜烂或溃疡，消化道萎缩、变细，黏膜有出血点（见图4-4）。部分病鸡的肺实质病变，心肌、真皮及皮下出血。

4. 类症鉴别

（1）能够引起贫血的疾病还有原髓细胞增多症、球虫病、住白细胞虫病、黄曲霉素中毒，服用过量磺胺药等，应注意鉴别。

（2）能够引起胸腺萎缩的疾病还有马立克氏病和传染性法氏囊病，应注意区别。

5. 预防

（1）免疫接种。目前全球成功应用的疫苗为活疫苗，如德国罗曼动物保健有限公司的Cux-1株活疫苗，可以经饮水途径接种8周龄至开产前6周龄的种鸡，使子代获得较高水平的母源抗体，有效保护子代抵抗自然野毒的侵袭。要注意的是，不能在开产前3～4周龄时接种，以防止该病毒通过种蛋传播。

（2）加强饲养管理和卫生消毒措施。实行严格的环境卫生和消毒措施，采取"全进全出"的饲养方式和"封闭式饲养"制度。鸡场应做好鸡马立克氏病、鸡传染性法氏囊病等免疫抑制性病的疫苗免疫接种工作，避免因霉菌毒素或其他传染病导致的免疫抑制。

6. 临床用药指南

目前尚无有效的治疗方法。该病一旦发生，应隔离病鸡和同群鸡，禁止病鸡向外流通和上市销售。鸡舍及周围进行彻底消毒，可选用0.3%过氧乙酸、2%火碱水溶液、漂白粉水溶液等对鸡、过道、水源等每天消毒1次，连续消毒1周。对重症病鸡应立即扑杀，并连同病死鸡、粪便、羽毛及垫料等进行深埋或焚烧等无害化处理。

3.8 马立克氏病

是由疱疹病毒科 α 亚群马立克氏病病毒引起的，以危害淋巴系统和神经系统，引起外周神经、性腺、虹膜、各种内脏器官、肌肉和皮肤的单个或多个组织器官发生肿瘤为特征的禽类传染病。

1. 流行特点

（1）易感动物：鸡是主要的自然宿主。鹌鹑、火鸡、雉鸡、乌鸡等也可发生自然感染。2 周龄以内的雏鸡最易感。6 周龄以上的鸡可出现临床症状，12 ～ 24 周龄最为严重。

（2）传染源：病鸡和带毒鸡。

（3）传播途径：呼吸道是主要的感染途径，羽毛囊上皮细胞中成熟型病毒可随着羽毛和脱落皮屑散毒。病毒对外界抵抗力很强，在室温下传染性可保持 4 ～ 8 个月。此外，进出育雏室的人员、昆虫（甲虫）、鼠类可成为传播媒介。

（4）流行季节：无明显的季节性。

2. 临床症状

本病的潜伏期为 4 个月。根据临床症状分为 4 个型，即神经型、内脏型、眼型和皮肤型。本病的病程一般为数周至数月。因感染的毒株、易感鸡品种（系）和日龄不同，死亡率表现为 2% ～ 70%。

神经型：最早症状为运动障碍。常见腿和翅膀完全或不完全麻痹，表现为"劈叉"式、翅膀下垂；嗉囊因麻痹而扩大。

内脏型：常表现极度沉郁，有时不表现任何症状而突然死亡。有的病鸡表现厌食、消瘦和昏迷，最后衰竭而死。

眼型：视力减退或消失。虹膜失去正常色素，呈同心环状或斑点状。瞳孔边缘不整，严重阶段瞳孔只剩下一个针尖大小的孔。

皮肤型：全身皮肤毛囊肿大，以大腿外侧、翅膀、腹部、胸前部尤为明显。

3. 病理剖检变化

（1）神经型：常在翅神经丛、坐骨神经丛、坐骨神经、腰荐神经和颈部迷走神经等处发生病变，病变神经可比正常神经粗 2 ～ 3 倍，横纹消失，呈灰白色或淡黄色。有时可见神经淋巴瘤。

（2）内脏型：在肝、脾、胰、睾丸、卵巢、肾、肺、腺胃、心脏、肠管等脏器出现广泛的结节性或弥漫性肿瘤。

（3）眼型：虹膜失去正常色素，呈同心环状或斑点状。瞳孔边缘不整，严重阶段瞳孔只剩下一个针尖大小的孔。

（4）皮肤型：常见毛囊肿大，大小不等，融合在一起，形成淡白色结节，在拔除羽毛后尸体尤为明显。

4. 鉴别诊断

本病内脏型肉眼病变、淋巴性白血病、网状内皮组织增殖病十分相似，应注意鉴别。建立在大体病变和年龄基础之上的诊断，至少符合以下条件之一，可考虑诊断为马立克氏病：（1）外周神经淋巴组织增生性肿大；（2）16 周龄以下的鸡发生多种组织的淋巴肿瘤（肝、心脏、性腺、皮肤、肌肉、腺胃）；（3）16周龄或更大的鸡，在没有发生法氏囊肿瘤的情况下，出现内脏淋巴肿瘤；（4）虹膜褪色和瞳孔不规则。

5. 预防

实行"以免疫为主"的综合性防治措施。

（1）免疫接种：①免疫接种要求：应于雏鸡出壳24小时内进行免疫。所用疫苗必须是经国务院兽医主管部门批准使用的疫苗。②疫苗的种类：目前使用的疫苗有三种，人工致弱的Ⅰ型（如CVI988）、自然不致瘤的Ⅱ型（如SB1，Z4）和Ⅲ型HVT（如FC126）。HVT疫苗使用最为广泛，但有很多因素可以影响疫苗的免疫效果。③参考免疫程序：选用火鸡疱疹病毒（HVT）疫苗或CVI988病毒疫苗，小鸡在一日龄接种；或以低代次种毒生产的CVI988疫苗，每头份的病毒含量应大于2000PFU，通常一次免疫即可，必要时还可加上HVT同时免疫。疫苗稀释后仍要放在冰瓶内，并在2小时内用完。

（2）加强监测：养禽场应做好死亡鸡肿瘤发生情况的记录，并接受动物防疫监督机构监督。对可能存在超强毒株的高发鸡群使用814+SB-1二价苗或814+SB-1+FC126三价苗进行免疫接种。

（3）引种检疫：国内异地引入种禽时，应经引入地动物防疫监督机构审核批准，并取得原产地动物防疫监督机构的免疫接种证明和检疫合格证明。

（4）加强饲养管理：①防止雏鸡早期感染：为此种蛋入孵前应对种蛋进行消毒；注意育雏室、孵化室、孵化箱和其它笼具应彻底消毒；雏鸡最好在严格隔离的条件下饲养；采用全进全出的饲养制度，防止不同日龄的鸡混养于同一鸡舍。②提高环境控制水平：饲养、生产、经营等场所必须符合《动物防疫条件审核管理办法》（农业部15号令）的要求，并须取得动物防疫合格证。饲养场实行全进全出饲养方式，控制人员出入，严格执行清洁和消毒程序。

（5）加强消毒：各饲养场、屠宰厂（场）、动物防疫监督检查站等要建立严格的卫生（消毒）管理制度。

6. 临床用药指南

对于患该病的鸡群，目前尚无有效的治疗方法。一旦发病，应隔离病鸡和同群鸡，鸡舍及周围进行彻底消毒，对重症病鸡应立即扑杀，并连同病死鸡、粪便、羽毛及垫料等进行深埋或焚烧等无害化处理。

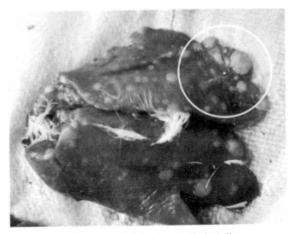

图3-24 病鸡肝脏上的肿瘤结节

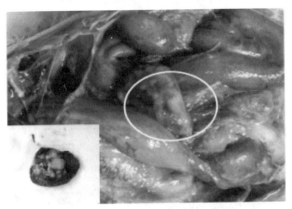

图3-25 病鸡脾脏上的肿瘤结节（左下角为脾脏肿瘤的横切面）

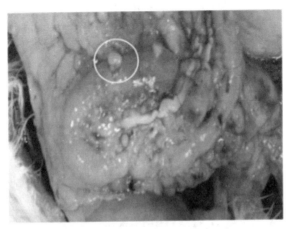

图3-26 病鸡胰腺上的肿瘤结节

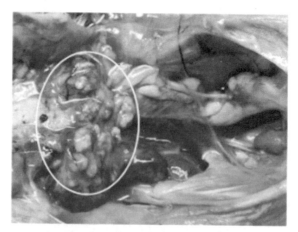

图3-27　病鸡卵巢上的肿瘤结节

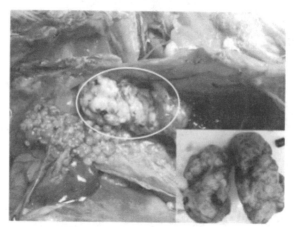

图3-28　病鸡肾脏上的肿瘤结节

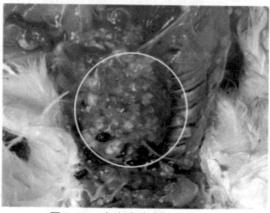

图3-29　病鸡肺脏上的肿瘤结节

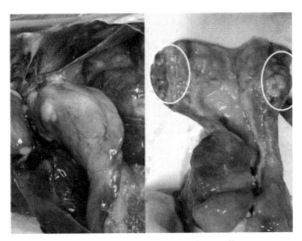

图3-30　病鸡腺胃上的肿瘤结节

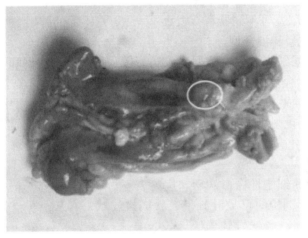

图3-31　病鸡肠道上的肿瘤结节

3.9 禽白血病

是由禽白血病／肉瘤病毒群中的病毒引起的禽类多种肿瘤性疾病的总称。临床上以病禽血细胞和血母细胞失去控制而大量增殖，使全身很多器官发生良性或恶性肿瘤，最终导致死亡或失去生产能力。

1. 流行特点

（1）易感动物：鸡是本群所有病毒的自然宿主。此外，雉、鸭、鸽、日本鹌鹑、火鸡、岩鹧鸪等也可感染。

（2）传染源：病禽或病毒携带禽为主要传染源，特别是病毒血症期的禽。

（3）传播途径：主要通过种蛋（存在于蛋清及胚体中）垂直传播，也可通过与感染鸡或污染的环境接触而水平传播。

（4）流行季节：无明显的季节性。

2. 临床症状和病理剖检变化

潜伏期较长，因病毒株不同、鸡群的遗传背景差异等而不同。一般发生于 16 周龄以上的鸡，并多发生于 24 ～ 40 周龄之间；且发病率较低，一般不超过 5%。其临床表现和剖检变化有很多类型。

（1）淋巴性白血病型。在鸡白血病中最常见，该病无明显特征性变化。病鸡表现为食欲不振，进行性消瘦，冠和肉髯苍白、皱缩、偶见发绀，后期腹部增大，可触诊出肝脏肿瘤结节。隐性感染的母鸡，性成熟推迟、蛋小且壳薄，受精率和孵化率降低。剖检时可见到肝脏、脾脏、法氏囊、心脏、肺、肠壁、卵巢和睾丸等不同器官有大小不一、数量不等的肿瘤。肿瘤有结节型、粟粒型、弥散型和混合型等。

（2）成红细胞性白血病型。该病型较少见。有增生型和贫血型两种。病鸡表现为冠轻度苍白或变成淡黄色，消瘦，腹泻，一个或多个羽毛囊可能发生大量出血。病程从数天到数月不等。剖检时，增生型肝脏和脾脏显著肿大，肾轻度肿胀，上述器官呈樱红色到曙红色，质脆而柔软。骨髓增生呈水样，颜色为暗红色到樱红色。贫血型病变为内脏器官萎缩，骨髓苍白呈胶冻样。

（3）成髓细胞性白血病型。病鸡表现为嗜睡、贫血、消瘦、下痢和部分毛囊出血。剖检时可见肝脏呈粒状或斑纹状，有灰色斑点，骨髓增生呈苍白色。

骨髓细胞瘤病型　在病鸡的骨髓上可见到由骨髓细胞增生所形成的肿瘤，因而病鸡头部、胸和肋骨会出现异常突起。剖检可见在骨髓的表面靠近肋骨处发生肿瘤。骨髓细胞瘤呈淡黄色、柔软、质脆或似干酪样，呈弥漫状或结节状，常散发，两侧对称发生。

（4）骨石化病型。多发于育成期的公鸡，呈散发性，特征是长骨，尤其（跗骨）变粗，外观似穿长靴样，病变常两侧对称。病鸡一般发育不良，苍白，行走拘谨或跛行。剖检见骨膜增厚，疏松骨质增生呈海绵状，易被折断，后期骨质变成石灰样，骨髓腔可被完全阻塞，骨质比正常坚硬。

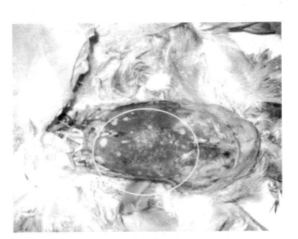

图3-32　病鸡的肝脏上有大小不等的肿瘤结节

图3-33　病鸡的法氏囊上有大小不等的肿瘤结节

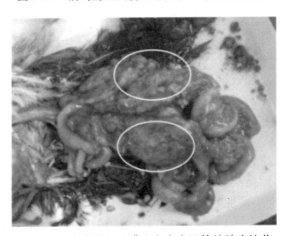

图3-34　病鸡的肠系膜上有大小不等的肿瘤结节

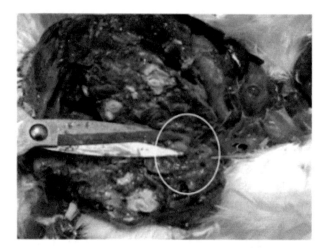

图3-35　病鸡的卵巢上有大小不等的肿瘤结节

3. 预防

（1）建立无白血病的鸡群。本病至今尚无有效疫苗可降低该病的发生率和死亡率。控制该病应从建立无禽淋巴白血病的种鸡群着手，对每批即将产蛋的种鸡群，经酶联免疫吸附试验或其他血清学方法检测，对阳性鸡进行一次性淘汰。如果每批种鸡淘汰一次，经 3 ~ 4 代淘汰后，鸡群的禽淋巴白血病将显著降低，并逐步消灭。因此，控制该病的重点是做好原种场、祖代场、父母代场鸡群净化工作。

（2）实行严格的检疫和消毒。由于禽白血病可通过鸡蛋垂直传播，因此种鸡、种蛋必须来自无禽白血病的鸡场。雏鸡和成鸡也要隔离饲养。孵化器、出雏器、育雏室及其它设备每次使用前应彻底清洗、消毒，防止雏鸡接触感染。

（3）建立科学的饲养管理体系。采取"全进全出"的饲养方式和"封闭式饲养"制度。加强饲养管理，前期温度一定要稳定，降低温差；密度要适宜，保证每只鸡有适宜的采食、饮水空间；低应激，防止贼风、不断水、不断料等。使用优质饲料促进鸡群良好的生长发育。

4. 临床用药指南

目前尚没有疗效确切的药物治疗。发现病鸡要及时淘汰，同时对病鸡粪便和分泌物等污染的饲料、饮水和饲养用具等彻底消毒，防止直接或间接接触的水平传播。发现疑似疫情时，养殖户应立即将病禽及其同群禽隔离，并限制其移动，并按照《J-亚群禽白血病防治技术规范》进行疫情处理。

3.10 禽痘

是由禽痘病毒引起的家禽和鸟类的一种急性、热性、高度接触性传染病。临床上以传播快，发病率高，病鸡在皮肤无毛处形成增生性皮肤损伤形成结节（皮肤性），或在上呼吸道、口腔和食道黏膜引起纤维素性坏死和增生性损伤（白喉型）为特征。我国将其列为二类动物疫病。

1. 流行特点

（1）易感动物：各种品种、日龄的鸡和火鸡都可受到侵害，但以雏鸡和青年鸡较多见，并且以大冠品种鸡的易感性较高。所有品系的产蛋鸡都能感染，特别是产褐壳蛋的种鸡最易感。鹅、鸭虽能发生，但不严重。许多鸟类，如金丝雀、麻雀、鸽、鹌鹑、野鸡、松鸡和一些野鸟也有易感性。

（2）传染源：病鸡。

（3）传播途径：病毒随病鸡的皮屑和脱落的痘痂等散布到饲养环境中，通过受损伤的皮肤、黏膜和蚊子、蝇和其它吸血昆虫等吸血昆虫的叮咬传播。

（4）流行季节：无明显的季节性。

2. 临床症状

本病的潜伏期为 4 ~ 10 天，鸡群常是逐渐发病。根据发病部位的不同可分为皮肤型、黏膜型、混合型三种。

（1）皮肤型：在鸡冠、肉髯、眼睑、嘴角等部位（见图 1-7），有时也见于下颌（见图 1-8）、耳垂（见图 1-9）、腿（见图 1-10）、爪、泄殖腔和翅内侧等无毛或少毛部位（见图 1-11）出现痘斑。典型发痘的过程顺序是红斑 – 痘疹（呈黄色）– 糜烂（暗红色）– 痂皮（巧克力色）– 脱落 – 痊愈。人为剥去痂皮会露出出血病灶。病程持续 30 天左右，一般无明显全身症状，若有感染细菌，结节则形成化脓性病灶。雏鸡的症状较重，产蛋鸡产蛋减少或停止。

（2）黏膜型：痘斑发生于口腔、咽喉、食道或气管，初呈圆形黄色斑点，以后小结节相互融合形成黄白色假膜，随后变厚成棕色痂块，不易剥离，常引起呼吸、吞咽困难，甚至窒息而死。

（3）混合型：是指病鸡的皮肤和黏膜同时受到侵害。

图3-36　病鸡鸡冠、肉髯、眼睑、嘴角等部位的痘斑

图3-37　病鸡眼睑、下颌等部位的痘斑

图3-38　病鸡眼睑、耳垂等部位的痘斑

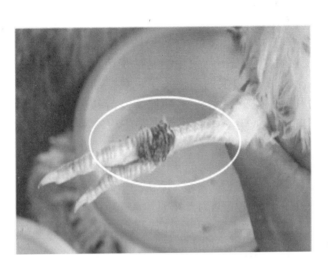

图3-39　病鸡后腿上的痘斑

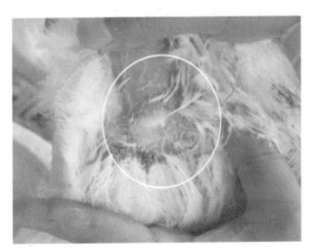

图3-40　病鸡皮肤上的痘斑

3.病理剖检变化

在口腔、咽喉、食道或气管黏膜上可见到处于不同时期的病灶，如小结节、大结节、结痂或疤痕等。肠黏膜可出现小点状出血，肝、脾、肾肿大，心肌有时呈实质性变性。

4.类症鉴别

本病与维生素 A 缺乏症有相似之处，应加以区别。区别是本病黏膜上的假膜常与其下的组织紧密相连，强行剥离后则露出粗糙的溃疡面，皮肤上多见痘疹；而维生素 A 缺乏症病鸡黏膜上的干酪样物质易于剥离，其下面的黏膜常无损害。

5.预防

（1）免疫接种。免疫预防使用的是活疫苗，常用的有鸡痘鹌鹑化疫苗F282E株（适合20日龄以上的鸡接种）、鸡痘汕系弱毒苗（适合小日龄鸡免疫）和澳大利亚引进的自然弱毒M株。疫苗开启后应在2小时内用完。接种方法采用刺种法或毛囊接种法，刺种法更常用，是用消过毒的钢笔尖或带凹槽的特制针蘸取疫苗，在鸡翅内侧无血管处皮下刺种，毛囊接种法适合40日龄以内鸡群，用消毒过的毛笔或小毛刷蘸取疫苗涂擦在颈背部或腿外侧拔去羽毛后的毛囊上。一般刺种后14天即可产生免疫力。雏鸡的免疫期为2个月，成年鸡免疫期为5个月。一般免疫程序为：20～30日龄时首免，开产前二免；或1日龄用弱毒苗首免，20～30日龄时二免，开产前再免疫一次。

（2）做好卫生防疫，杜绝传染源。引进鸡种时应隔离观察，证明无病时方可入场。驱除蚊虫和其它吸血昆虫。经常检查鸡笼和器具，以避免雏鸡外伤。

6.临床用药指南

一旦发现，应隔离病鸡，再进行治疗。而对重病鸡或死亡鸡应作无害化处理（烧毁或深埋）。

（1）特异疗法：用患过鸡痘的康复禽血液，每天给病禽注射0.2～0.5毫升，连用2～5天，疗效较好。

（2）抗病毒：请参考低致病性禽流感有关治疗条目的叙述。

（3）对症疗法：皮肤型禽痘一般不进行治疗，必要时可用镊子剥除痂皮，伤口涂擦紫药水或碘酊消毒。黏膜型禽痘的口腔和喉黏膜上的假膜，妨碍病禽的呼吸和吞咽运动，可用镊子除去假膜，黏膜伤口涂以碘甘油（碘化钾10克，碘片5克，甘油20毫升，混合后加蒸馏水100毫升）。眼部肿胀的，可用2%硼酸溶液或0.1%高锰酸钾液冲洗干净，再滴入一些5%的蛋白银溶液。剥离的痘痂、假膜或干酪样物质要集中销毁，避免散毒。在饲料或饮水中添加抗生素如环丙沙星和氧氟沙星等防止继发感染。同时在饲料中增添维生素A、鱼肝油等有利于鸡体的恢复。

（4）中草药疗法：①将金银花、连翘、板蓝根、赤芍、葛根各20克，蝉蜕、甘草、竹叶、橘梗各10克，水煎取汁，备用，为100只鸡用量，用药液拌料喂服或饮服，连服3日，对治疗皮肤与黏膜混合型鸡痘有效。②将大黄、黄柏、姜黄、白芷各50克，生南星、陈皮、厚朴、甘草各20克，天花粉100克，共研为细末，备用。临用前取适量药物置于干净盛器内，水酒各半调成糊状，涂于剥除鸡痘痂皮的创面上，每天2次，第3天即可痊愈。

3.11 呼肠孤病毒感染

是一种由呼肠孤病毒引起的鸡的传染病，临床上以腿部关节肿胀、腱鞘发炎，继而使腓肠肌腱断裂，导致鸡运动障碍为特征。我国将其列为三类动物疫病。

1. 流行特点

（1）易感动物：鸡和火鸡是已知的该病的自然宿主和试验宿主。

（2）传染源：病鸡/火鸡。

（3）传播途径：病毒主要经空气传播，也可通过污染的饲料通过消化道传播，经蛋垂直传播的几率很低，约为 1.7%。

（4）流行季节：该病一年四季均可发生。

2. 临床症状

本病潜伏期一般为 1 ～ 13 天，常为隐性感染。2 ～ 16 周龄的鸡多发，尤以 5 ～ 7 周龄的鸡易感。可发生于各种类型的鸡群，但肉仔鸡比其它鸡的发病几率高。鸡群的发病率可达 100%，死亡率从 0 ～ 6% 不等。病鸡多在感染后 3 ～ 4 周发病，初期步态稍见异常，逐渐发展为跛行（见图 1-17），跗关节肿胀，常蹲伏，驱赶时才跳动。患肢不能伸张，不敢负重，当肌腱断裂时（见图 1-18），趾屈曲，病程稍长时，患肢多向外扭转，步态蹒跚，这种症状多见于大雏或成鸡。种鸡及蛋鸡感染后，产蛋率下降 10% ～ 15%，种鸡受精率下降。病程在 1 周左右到 1 个月之久。

3. 病理剖检变化

病/死鸡剖检时可见关节囊及腱鞘水肿、充血或出血（见图 1-19），跖伸肌腱和跖屈肌腱发生炎性水肿（见图 1-20），造成病鸡小腿肿胀增粗，跗关节较少肿胀，关节腔内有少量渗出物，呈黄色透明或带血或有脓性分泌物。慢性型可见腱鞘粘连（见图 1-21）、硬化、软骨上出现点状溃疡、糜烂、坏死，骨膜增生（见图 1-22），使骨干增厚。关节软骨。严重病例可见肌腱断裂或坏死。

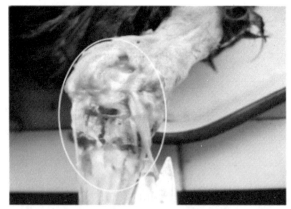

图3-41　病鸡的关节囊及腱鞘水肿、充血或出血

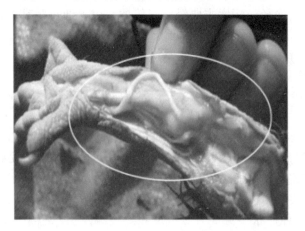

图3-42　病鸡的跖伸肌腱和跖屈肌腱发生炎性水肿

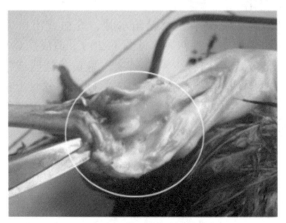

图3-43　病鸡的腱鞘粘连

图3-44病鸡的骨膜增生、出血

4. 类症鉴别

在临床上应与滑液支原体引起的滑膜炎及细菌性关节炎等引起的跛行相区别。

5. 预防

（1）免疫接种。1～7日龄和4周龄各接种一次弱毒苗，开产前2～3周接种一次灭活苗。但应注意不要和马立克氏病疫苗同时免疫，以免产生干扰现象。

（2）加强饲养管理。做好环境的清洁、消毒工作，防止感染源传入。对肉鸡／火鸡、种禽采用全进全出的饲养程序是非常有效的控制本病的重要预防措施。不从受本病感染的种禽场进鸡／火鸡。

6. 临床用药指南

目前尚无有效的治疗方法。一旦发病，应淘汰病鸡／火鸡，加强病鸡／火鸡的隔离和禽舍及环境的消毒。

3.12 禽脑脊髓炎

俗名流行性震颤，是由禽脑脊髓炎病毒引起的一种主要侵害雏鸡的病毒性传染病。临床上以两腿轻微不全麻痹、瘫痪，头颈震颤，产蛋鸡产蛋量急剧下降等为特征。

1. 流行特点

（1）易感动物：鸡、雉、日本鹌鹑、火鸡，各种日龄均可感染，以 1 ~ 3 周龄的雏鸡最易感。雏鸭、雏鸽可被人工感染。

（2）传染源：病禽、带毒的种蛋。

（3）传播途径：病毒可经卵垂直传播，也可经消化道水平传播。

（4）流行季节：该病一年四季均可发生。

2. 临床症状

该病的潜伏期6 ~ 7天。通常自出壳后1 ~ 7日龄和11 ~ 20日龄左右出现两个发病和死亡的高峰期，前者为病毒垂直传播所致，后者为水平传播所致。典型症状多见于雏鸡，病雏初期眼神呆滞，走路不稳，随后头颈部震颤（见图1–14），共济失调或完全瘫痪（见图1–15），后期衰竭卧地，被驱赶时摇摆不定或以翅膀扑地。死亡率一般为10% ~ 20%，最高可达50%。1月龄以上鸡感染后很少表现临床症状，产蛋鸡感染后可见产蛋量急剧下降，蛋种减轻，一般经15天后产蛋量尚可恢复。种鸡感染后2 ~ 3周内所产种蛋带有病毒，孵化率会降低（下降幅度为5% ~ 20%），孵化出的苗鸡往往发育不良，此过程会持续3 ~ 5周。

3. 病理剖检变化

病 / 死雏禽可见腺胃的肌层及胰腺中有浸润的淋巴细胞团块所形成的数目不等的从针尖大到米粒大的灰白色斑点白色小病灶，脑组织变软，有不同程度淤血，在大小脑表面有针尖大的出血点（见图1–16），有时仅见到脑水肿。在成年鸡偶见脑水肿。

4. 预防

（1）免疫接种。①疫区的免疫程序。蛋禽在 75 ~ 80 日龄时用弱毒苗饮水接种，开产前肌肉注射灭活苗；或蛋禽在 90 ~ 100 日龄用弱毒苗饮水接种。种禽在 120 ~ 140 日龄饮水接种弱毒苗或肌肉注射禽脑脊髓炎病毒油乳剂灭活苗，要注意的是，接种后 6 周内，种蛋不能孵化。②非疫区的免疫程序。一律于 90 ~ 100 日龄时用禽脑脊髓炎病毒油乳剂灭活苗肌注。禁用弱毒苗进行免疫。

（2）严格检疫。不引进本病污染场的禽苗。种禽在患病一个月内所产的种蛋不能用于孵化

5. 临床用药指南

本病目前尚无有效的治疗方法。对已发病的病雏和死雏及时焚烧或深埋，以免散布病毒，减轻同群感染。如发病率高，可考虑全群扑杀并作无害化处理，彻底消毒禽舍。舍内的垫料清理后在远离禽舍的下风口处集中发酵处理，舍内地面清扫冲刷干净后，连同周围场地用 3% 浓度的火碱溶液

喷洒消毒，禽舍和饲养用具进行熏蒸消毒。

3.13　小鹅瘟

小鹅瘟病毒为球形、无囊膜、二十面体对称、单股 DNA 病毒；病毒颗粒大小，角对角直径 22 微米，边对边直径为 20 微米，直径为 20～22 微米，有完整病毒形态和缺少核酸的病毒空壳形态两种，空心内直径为 12 微米，衣壳厚为 4 微米；壳粒数为 32 个；核酸大小约为 6kb；有三条结构多肽，VP1、VP2、VP3、VP4，为主要结构多肽。

1. 流行特点

本病仅发生于 1 月龄以内各种品种的雏鹅和雏番鸭，而其他禽类包括中国鸭、半番鸭和哺乳动物均不感染发病。发病率和死亡率的高低与易感雏鹅的日龄有密切的关系。最早发病的雏鹅一般在 2～5 日龄，7～10 日龄时发病率和死亡率最高，可达 90%～100%，11～15 日龄死亡率达50%～70%，16～20 日龄为 30%～50%，21～30 日龄为 10%～30%，30 日龄以上为 10% 左右。病毒一旦传入炕坊，随着炕数的增加而发病率增加，第一炕为 20%～30%，第二炕为 50% 左右，第三炕为 70%～90%，第四炕为 90% 以上。

小鹅瘟的流行有一定周期性。在大流行后，当年余下的鹅群都获得主动免疫，因此不会在一地区连续 2 年发生大流行。每年全部更换种鹅群一般间隙 2～5 年大流行一次，部分更换种鹅群每年常有小流行发生。

2. 临床症状

小鹅瘟的症状以消化道和中枢神经系统紊乱为特征，但其症状的表现与感染发病时雏鹅的日龄有密切的关系。根据病程的长短，分为最急性、急性和亚急性三种类型。

（1）最急性型：常发生于 1 周龄以内的雏鹅。当发现精神呆钝后数小时内即呈衰弱，或倒地两腿乱划，很快死亡。患病雏鹅鼻孔有浆性分泌物，喙端发绀和蹼色泽变暗。

（2）急性型：常发生于 1～2 周龄的雏鹅。患病雏鹅食欲减少或丧失。站立不稳，喜蹲卧，落后于群体。排出黄白色或黄绿色稀粪，并杂有气泡、纤维碎片、未消化饲料。喙端发绀，蹼色泽变暗。死前两腿麻痹或抽搐。

（3）亚急性型：多发生于流行后期，2 周龄以上，尤其是 3～4 周龄。患病雏鹅消瘦，站立不稳，稀粪中杂有多量未消化的饲料、纤维碎片和气泡。

3. 病理剖检变化

大体病理变化：多数病例在小肠的中段和下段，特别是在靠近卵黄柄和回盲部的肠段，外观变得极度膨大，呈淡灰白色，体积比正常肠段增大2～3倍，形如香肠状，手触肠段质地很坚实。从膨大部与不肿胀的肠段连接处很明显地可以看到肠道被阻塞的现象。膨大部长短不一，最长达10厘米以上。膨大部的肠腔内充塞着淡灰白色或淡黄色的栓子状物，将肠腔完全阻塞，很像肠腔内形态的管型。栓子物很干燥，切面上可见中心为深褐色的干燥肠内容物，外面包裹着厚层的纤维素性渗出物和坏死物凝固而形成的假膜。

消化道：小肠膨大处的变化为典型的纤维素性坏死性肠炎。假膜脱落处残留的黏膜组织仍保留原有轮廓，但结构已破坏。固有层中有多量淋巴细胞、单核细胞及少数嗜中性粒细胞浸润。黏膜层严重变性或分散成碎片。肠壁平滑肌纤维发生实质变性和空泡变性以及蜡样坏死。大多数病例的十二指肠和结肠呈现急性卡他性炎症。

小鹅瘟在流行病学、临床症状以及某些组织器官的病理变化方面可能与鹅副黏病毒病、雏鹅副伤寒、鹅巴氏杆菌病、鹅流感、鹅霉菌性脑炎、鹅球虫病等相似，需通过病毒分离进行鉴别诊断。

鹅胚接种：用病料接种8～10只12～14日龄易感鹅胚，每胚绒尿腔或绒尿膜0.2毫升，置37～38℃孵化箱内继续孵化，每天照胚2～4次，一般观察9天。48小时以前死亡的胚胎废弃，72小时以后死亡的鹅胚取出置于4～8℃冰箱内冷却收缩血管。用无菌手续取绒尿液保存和做无菌检验，并观察胚胎病变。无菌的绒尿液冻结保存做传代及检验用。

雏鹅接种：用上述接种材料或鹅胚绒尿液毒接种8～10只5～10日龄易感雏鹅，每雏鹅皮下或口服感染0.2～0.5毫升，一般观察10天。发病死亡的雏鹅需做细菌学的检验，并检查其是否与自然病例有相同的病理变化。

4. 预防

（1）小鹅瘟主要是通过孵坊传播的，因此孵坊中的一切用具设备，在每次使用后必须清洗消毒，收购来的种蛋应用福尔马林熏蒸消毒。

（2）刚出壳的雏鹅要注意不与新进的种蛋和大鹅接触，以防感染。

（3）对于已污染的孵坊所孵出的雏鹅，可立即注射高免血清。注射抗小鹅瘟高免血清能制止80%~90%已被感染的雏鹅发病。

（4）扬州大学SYG61和SSG74两个减毒株制成的弱毒苗，在留种前一个月作第一次接种，每只肌注种鹅弱毒苗绒尿原液100倍稀释物0.5ml，

15d 后作第二次接种，每只绒尿原液 0.1ml。再隔 15d 方可留种蛋。用雏鹅弱毒苗对刚出壳的雏鹅进行紧急预防接种，每雏皮下接种 1:50⁻1:100 稀释的弱毒疫苗 0.1ml。鸭胚适应的弱毒苗和在细胞培养上致弱的弱毒苗也可用于免疫母鹅和雏鹅。

3.14 鸭瘟

鸭瘟病毒 (DPV) 属疱疹病毒，基因组为 DNA，有囊膜，对脂溶剂敏感，球形，直径 160 ~ 180nm。

1. 流行特点

鸭瘟是由鸭瘟病毒引起的鸭和鹅的一种急性败血性传染病。临床特征为体温升高，两脚发软无力，下痢，流泪和部分病鸭头颈部肿大。俗称"大头瘟"。食道黏膜有出血点并有灰黄色假膜覆盖或溃疡，泄殖腔黏膜充血、出血水肿和坏死，食道与腺胃膨大部的交界处有出血、坏死乃至溃疡，肝有不规则、大小不等的坏死灶及出血点。

不同年龄和不同品种的鸭均可感染该病，以番鸭、麻鸭、绵鸭和天府肉鸭易感性最高，北京鸭次之。在自然流行时，成年鸭和产蛋母鸭发病和死亡较为严重。而放牧鸭较舍饲鸭更易感染发病，1月龄以下雏鸭发病较少。

在自然情况下，鹅和病鸭密切接触也能感染发病，在有些地区可以引起流行。人工感染雏鹅尤为敏感，病死率较高，人工感染中野鸭和雁对本病有易感性。鸡对鸭瘟病毒抵抗力强，鸽、麻雀、兔、小白鼠对本病无易感性。鸭瘟在一年四季都可发生，但以春夏之季和秋季流行最为严重。

2. 临床症状

鸭瘟自然感染的潜伏期一般为 3 ~ 4 天，人工感染的潜伏期为 2 ~ 4 天。病初体温升高 (43℃以上)，呈稽留热。这时，病鸭表现精神委顿，头颈缩起，食欲减少或停食，饮水量增加，羽毛松乱无光泽。病鸭两翅下垂，两脚麻痹无力，走动困难，严重的静卧地上不愿走动。驱赶时，则见两翅扑地而走，走几步后又蹲伏于地上。当病鸭两脚完全麻痹时，伏卧不起。病鸭不愿下水池，如强迫驱赶下水，漂浮水面并挣扎回岸。

流泪和眼周皮肤水肿是鸭瘟的一个特征症状。病初流出浆性分泌物，眼周围的羽毛沾湿，时间稍长，粘连许多污物。以后变成黏性或脓性分泌物，往往将眼皮粘连而不能张开，严重者眼周皮肤肿胀或翻出于眼眶外，翻开眼睑可见到眼结膜充血或小点出血甚至形成小溃疡。头颈部肿胀是鸭瘟的又一特征性症状，自然感染病例和人工感染时，都见有部分病鸭的头颈部肿大，故俗称"大头瘟"。此外，病鸭从鼻腔流出稀薄和黏稠的分泌物，呼吸困难，呼吸时发出鼻塞音，叫声嘶哑，个别病鸭频频咳嗽。病鸭常发生下痢，排出绿色或灰白色稀粪。泄殖腔黏膜充血、出血、水肿，严重者黏膜外翻，肛周羽毛被严重污染并结块。用手翻开肛门时，可见到泄殖腔黏膜有黄绿色的假膜，不易剥离。

病鸭临死前体温下降，极度衰竭，不久即死亡。病程一般为 2～5 天，慢性可拖至 1 周以上，生长发育不良。角膜浑浊。严重的形成溃疡，多为一侧性。

3. 临床病变

患鸭食道黏膜有灰黄色假膜覆盖，在小肠的浆膜和黏膜面均可见环状出血，在脾脏和胰脏可出现坏死性变化。

临床上应将鸭瘟与鸭霍乱进行鉴别，鸭霍乱病程明显比鸭瘟短。鸭霍乱可于肠道出现明显出血，但缺乏肠道溃疡及食道和泄殖腔黏膜表面的假膜。青霉素、磺胺等抗菌药物对鸭霍乱具有良好治疗效果而对鸭瘟无效。

鸭瘟最典型的实验室鉴别诊断方法是中和试验。用已知的抗鸭瘟血清与分离的病毒做中和试验。该试验可用雏鸭，也可用细胞培养来做。取 1:100 稀释的分离病毒 0.2 毫升与已知抗鸭瘟血清 0.2 毫升充分混匀，置室温 30 分钟后，将混合液接种入鸭胚成纤维细胞培养内，每空滴入 0.05 毫升，置 37℃继续培养，并设不加抗鸭瘟血清的对照管。观察 4 天，若加抗鸭瘟血清的不出现细胞病变，而不加抗鸭瘟血清的对照空出现病变，则认为是鸭瘟病毒。或者将未知病毒与已知抗鸭瘟血清的混合液接种于雏鸭，每只鸭肌肉注射 0.1 毫升，观察 1 周，如用未知病毒与已知抗鸭瘟血清的混合液接种的试验鸭均健活，而接种不加已知抗鸭瘟血清的病料的多数鸭发生死亡，也证明病料中含鸭瘟病毒。

4. 预防

（1）鸭瘟鸭胚化弱毒苗和鸡胚化弱毒苗。免疫采用皮下或肌肉内注射方法。雏鸭 20 日龄首免，4～5 月后加强免疫 1 次即可。3 月龄以上鸭免疫 1 次，免疫期可达一年。

（2）不从疫区引进鸭，如需引进时，要严格检疫。要禁止到鸭瘟流行区域和野水禽出没的水域放牧。

（3）一旦发生鸭瘟时，立即采取隔离和消毒措施，对鸭群用疫苗进行紧急接种。

3.15 鸭病毒性肝炎

I 型鸭肝炎病毒是一种与鸭乙型肝炎病毒无关的小 RNA 病毒，直径约 20—40 纳米。该病毒对乙醚和氯仿均有抵抗力，在通常的环境中可存活很长时间。

1. 流行特点

在自然情况下，该病仅感染 3 周龄以下的雏鸭。在易感雏鸭群，该病传播很快，发病率和死亡率都很高。而成年鸭对其有抵抗力。鸡和火鸡对该病都不易感。人工感染雏鸡和番鸭不会造成死亡，但人工感染雏火鸡和雏鹌鹑后，会有少数发病死亡。

2. 临床症状

雏鸭患病后首先表现为离群、不愿运动，甚至不能站立，或两腿痉挛性划动。通常在出现症状后几小时内即很快死亡。主要病变表现为肝肿大，带有点状或条状出血斑，或色泽不一的斑纹。脾肿大显现斑纹。肾脏也常现肿大、血管郁血。

雏鸭肝炎的发病特点是比较特征性的，结合病理变化容易做出诊断。但要注意与由沙门氏菌病和黄曲霉素中毒引起的雏鸭的急性死亡相区别。最有效的实验室诊断方法是用病料通过尿囊腔接种 10 日龄鸡胚。通常在接种 5 ~ 8 天后鸡胚死亡，可见胚体皮下出血、肝脏肿大呈绿色并带有坏死点。

3. 预防

（1）鸡胚化鸭肝炎弱毒疫苗给临产蛋种母鸭皮下免疫，共两次，每次 1ml，间隔两周。

（2）发病或受威胁的雏鸭群：皮下注射康复鸭血清或高免血清或免疫母鸭蛋黄匀浆 0.5–1.0ml。

3.16 网状内皮组织增殖症

是由网状内皮组织增殖病病毒群的反转录病毒引起的一群病理综合征。临床上可表现为急性网状内皮细胞肿瘤、矮小病综合征以及淋巴组织和其它组织的慢性肿瘤等。该病对种鸡场和祖代鸡场可造成较大的经济损失，而且还会导致免疫抑制，故需引起重视。

1. 流行特点

（1）易感动物：该病的感染率因鸡的品种、日龄和病毒的毒株不同而不同。该病毒对雏鸡特别是 1 日龄雏鸡最易感，低日龄雏鸡感染后引起严重的免疫抑制或免疫耐受，较大日龄雏鸡感染后，不出现或仅出现一过性的病毒血症。

（2）传播途径：病毒可通过口、眼分泌物及粪便中排出病毒水平传播，也可通过蛋垂直传播。此外，商品疫苗的种毒如果受到该病病毒的意外污染，特别是马立克氏病和鸡痘疫苗，会人为造成全群感染。

2. 临床症状和病理剖检变化

因病毒的毒株不同而不同。

（1）急性网状内皮细胞肿瘤病型。潜伏期较短，一般为 3 ~ 5 天，死亡率高，常发生在感染后的 6 ~ 12 天，新生雏鸡感染后死亡率可高达100%。剖检见肝脏、脾脏、胰腺、性腺、心脏等肿大，并伴有局灶性或弥漫性的浸润病变。

（2）矮小病综合征病型。病鸡羽毛发育不良（见图 6-29），腹泻，垫料易潮湿（俗称湿垫料综合征），生长发育明显受阻（见图 6-30），机体瘦小 / 矮小。剖检见胸腺和法氏囊萎缩，并有腺胃炎、肠炎、贫血、外周神经肿大等症状。

（3）慢性肿瘤病型。病鸡形成多种慢性肿瘤，如鸡法氏囊淋巴瘤（见图 6-31）、鸡非法氏囊淋巴瘤、火鸡淋巴瘤和其它淋巴瘤等。

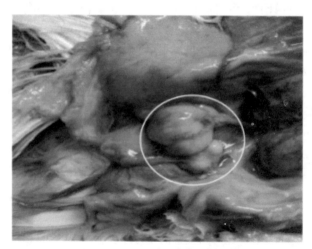

图3-45　鸡法氏囊淋巴瘤外观

3. 类症鉴别

请参考马立克氏病对应部分的叙述。

4. 预防

目前尚无有效预防本病的疫苗。在预防上主要是采取一般性的综合措施，防止引入带毒母鸡，加强原种鸡群中该病抗体的检测，淘汰阳性鸡，同时对鸡舍进行严格消毒。平时进行相关疫苗的免疫接种时，应选择 SPF 鸡胚制作的疫苗，防止疫苗的带毒污染。

5. 临床用药指南

请参考马立克氏病对应部分的叙述。

第4章 家禽细菌性传染病

4.1 鸭传染性浆膜炎

本病病原为鸭疫里默氏菌 (Riemerella anatipestifer)，革兰氏阴性短杆菌，不形成芽孢，无运动性，单个、成双或呈短链状排列，大小为 0.2 ~ 0.4 微米 × 1 ~ 5 微米。瑞氏染色两极着染稍深。目前已报道该菌共有21个血清型。

1. 流行特点

1 ~ 8 周龄鸭对本病敏感，但多发于 10 ~ 30 日龄雏鸭。本病主要经呼吸道感染，脚蹼刺种、肌注等途径也可引起发病、死亡。自然感染发病率一般为 20% ~ 40%，有的鸭群可高达 70%；发病鸭死亡率为 5% ~ 80%。感染耐过鸭多转为僵鸭或残鸭。不同品种鸭发病率和死亡率差异较大，其中北京鸭、樱桃谷鸭和番鸭发病率和死亡率较高。常因引进带菌鸭而发生流行。本病于冬春季多发，环境卫生差、饲养密度过高、通风不良等均可促发本病。

2. 临床症状

感染鸭临床表现为精神沉郁、蹲伏、缩颈、头颈歪斜、步态不稳和共济失调，粪便稀薄呈绿色或黄绿色。随着病程的发展，部分病鸭转为僵鸭或残鸭，表现为生长不良、极度消瘦。

3. 病例剖检变化

最明显的剖检病变为纤维素性心包炎、肝周炎、气囊炎和脑膜炎，脾脏肿大、呈斑驳样。慢性感染病鸭，在屠宰去毛后可见局部肿胀，表面粗糙、颜色发暗，切开后见皮下组织出血、有多量渗出液。组织学病变表现为肝细胞浊肿或脂变，肝门静脉周围单核细胞、异嗜细胞及浆细胞浸润。气囊渗出物中有单核细胞，慢性病例可见多核巨细胞，渗出物可部分钙化。脾白髓萎缩，红髓充血，淋巴细胞减少，网状细胞增多，并可见单核细胞。脑组织表现为纤维素性脑膜炎，血管周围白细胞浸润。根据该病典型的临床症状和剖检病变，结合流行病学特点，一般可初步诊断。本病在临床诊断上应注意与雏鸭大肠杆菌病、鸭衣原体感染、和鸭沙门氏菌病相区别。根据在麦康凯琼脂上能否生长可将本病和大肠杆菌病区别开，而衣原体在人工培养基上不生长。病变器官涂片镜检 取血液、肝脏、脾脏或脑作涂片，瑞氏染色可见两极浓染的小杆菌。荧光抗体技术 取病死鸭肝脏、脾脏或脑组织触片，丙酮固定，然后用直接或间接免疫荧光抗体技术进行检测，可见组织触片中的菌体周边荧光着染，中央稍暗。细菌呈散在分布或成族排列。细菌分离鉴定 取病变组织接种于胰酶大豆琼脂平板 (TSA) 或巧克力琼脂平板，置于 5% ~ 10% 二氧化碳培养箱中 37℃ 培养 24 小时，可见表面光滑、稍突起、直径为 1 ~ 13 毫米的圆形露珠样小菌落。之后取典型菌落以标准阳性血清做玻片凝集试验或荧光抗体染色进行鉴定。动物接种试验 取肝、脑等病料或其培养的菌落经注射或足底刺种易感小鸭，20 天看是否有典型病变。

4. 预防

改善卫生条件，施行全进全出制度。药物防治。疫苗接种。

4.2 曲霉菌病

又称霉菌性肺炎，是由曲霉菌（烟曲霉、黑曲霉、黄曲霉和土曲霉等）引起的一种真菌病。临床上以急性爆发，死亡率高，肺及气囊发生炎症和形成霉菌性小结节为特征。

1. 流行特点

雏鸡在 4 ~ 14 日龄的易感性最高，常呈急性爆发，出壳后的幼雏在进入被烟曲霉菌污染的育雏室后，48 小时即开始发病死亡，病死率可达 50% 左右，至 30 日龄时基本上停止死亡。在我国南方 5 ~ 6 月间的梅雨季节或阴暗潮湿的鸡舍最易发生。该病菌主要经呼吸道和消化道传播，若种蛋表面被污染、孢子可侵入蛋内，感染胚胎。

2. 临床症状

雏鸡感染后呈急性经过，表现为头颈前伸，张口呼吸，打喷嚏，鼻孔中流出浆性液体，羽毛蓬乱，食欲减退；病的后期发生腹泻，有的雏鸡出现歪头、麻痹、跛行等神经症状。病程长短取决于霉菌感染的数量和中毒的程度。成年鸡多为散发，感染后多呈慢性经过，病死率较低。部分病例由于霉菌侵入眼部，引起眼炎，严重者在眼皮下蓄积豆渣样物质。

3. 病理剖检变化

病/死鸡可在肺表面及肺组织中可发现粟粒大至黄豆大的黑色、紫色或灰白色质地坚硬的结节，切面坏死；气囊混浊，有灰白色或黄色圆形病灶或结节或干酪样团块物；有时在气管、胸腔、腹腔、肝和肾脏等处也可见到类似的结节，偶尔见到霉斑。如伴有曲霉菌毒素中毒时，还可见到肝脏肿大，呈弥漫性充血、出血，胆囊扩张，皮下和肌肉出血。

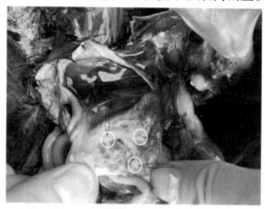

图4-1　病鸡气囊上的霉菌结节

图4-2　病鸡胸骨内测的霉菌结节

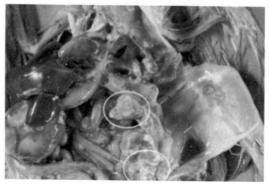

图4-3　病鸡气囊及腹腔脏器表面的霉菌结节

4. 类症鉴别

本病出现的张口呼吸、呼吸困难等与传染性支气管炎、新城疫、大肠杆菌病、支原体病等出现的症状类似，详细鉴别诊断见上文第三节"鸡呼吸困难的诊断思路及鉴别诊断要点"。

5. 预防

（1）加强饲养管理。保持鸡舍环境卫生清洁、干燥，加强通风换气，及时清洗和消毒水槽，清出料槽中剩余的饲料。尤其在阴雨连绵的季节，更应防止霉菌生长繁殖，污染环境而引起该病的传播。种蛋库和孵化室经常消毒，保持卫生清洁、干燥。

（2）严格消毒被曲霉菌污染的鸡舍。对污染的育雏室要彻底清除霉变的垫料，然后福尔马林熏蒸消毒后，经过通风、更换清洁干燥垫料后方可进鸡。污染种蛋严禁入孵。

（3）防止饲料和垫料发生霉变。在饲料的加工、配制、运输、存贮过程中，应消除发生霉变的可能因素，在饲料中添加一些防霉添加剂（如露保细，安亦妥，胱氢醋酸钠、霉敌等），以防真菌生长。购买新鲜垫料，并经常翻晒，妥善保存。

6. 临床用药指南

首先要找出感染霉菌的来源，并及时消除；同时当霉菌在病鸡的呼吸道长出大量菌丝、肺部及气囊长出大量结节时，应及早淘汰病鸡。在此基础上可选用下列药物治疗：制霉菌素，病鸡按每只 5000 单位内服，1 天 2 ～ 4 次，连用 2 ～ 3 天；或按 1 千克饲料中加制霉菌素 50 ～ 100 万单位，连用 7 ～ 10 天，同时在每升饮水中加硫酸铜 0.5 克，效果更好。克霉唑（三甲苯咪唑、抗真菌 1 号）：雏鸡按每 100 羽 1 克拌料饲喂。两性菌素 B：使用时用喷雾方式给药，用量是 25 毫克 / 立方米，吸入 30 ～ 40 分钟，该药与利福平合用疗效增强。由于制霉菌素难溶于水，但可以在酸牛奶中长久保持悬浮状态，在治疗时，可将制霉菌素混入少量的酸牛奶中，然后再拌料。

4.3 传染性鼻炎

是由鸡副嗜血杆菌引起的一种急性呼吸道传染病。临床上以鼻黏膜发炎，在鼻孔周围沾有污物，流鼻涕，打喷嚏，颜面部及眼睛周围肿胀，幼鸡生长停滞，母鸡产蛋下降为特征。

1. 流行特点

（1）易感动物：本病主要传染鸡，各日龄鸡都易感染，多发生于育成鸡和成年鸡，雏鸡很少发生。产蛋期发病最严重、最典型。

（2）传染源：病鸡和带菌鸡是本病的主要传染源。

（3）传播途径：该菌可通过呼吸道传染，也可通过饮水散布，经污染的饲料、笼具、空气传播。

（4）流行季节：一年四季都可发生，但寒冷季节多发。

2.临床症状

该病潜伏期为 1 ~ 3 天，传播速度快，3 ~ 5 天波及全群。病鸡从鼻孔流出浆液性或黏液性分泌物。一侧或两侧颜面部高度肿胀、鸡冠和肉髯发绀。产蛋鸡产蛋明显下降，产蛋率下降 10 ~ 40%。育成鸡开产延迟，幼龄鸡生长发育受阻。

图4-4　病鸡从鼻孔流出黏液性分泌物

图4-5　病鸡的颜面部高度肿胀

图4-6　病鸡的鸡冠和肉髯发绀

3. 病理剖检变化

病 / 死鸡剖检可见鼻腔和鼻窦黏膜呈急性卡他性炎症，黏膜充血肿胀、表面覆有大量黏液，窦内有渗出物凝块，呈干酪样；头部皮下胶样水肿，面部及肉髯皮下水肿，病眼结膜充血、肿胀、分泌物增多，滞留在结膜囊内，剪开后有豆腐渣样、干酪样分泌物；卵泡变性、坏死和萎缩。

4. 类症鉴别

该病的呼吸道症状应注意与慢性呼吸道疾病、传染性支气管炎、传染性喉气管炎等病表现的类似症状进行鉴别诊断。此外，由于鸡传染性鼻炎经常以混合感染的形式发生，诊断时还应考虑其它细菌、病毒并发感染的可能性。

5. 预防

（1）免疫接种。最好注射两次，首次不宜早于 5 周龄，在 6 ~ 7 周龄较为适宜，如果太早，鸡的应答较弱；健康鸡群用 A 型油乳剂灭活苗或 A-C 型二价油乳剂灭活苗进行首免，每只鸡注射 0.3 毫升，于 110 ~ 120 日龄二免，每只注射 0.5 毫升。

（2）杜绝引入病鸡 / 带菌鸡。加强种鸡群监测，淘汰阳性鸡；鸡群实施全进全出，避免带进病原，发现病鸡及早淘汰。治疗后的康复鸡不能留做种用。

（3）加强饲养管理

改善鸡舍通风条件，降低环境中氨气含量，执行全进全出的饲养制度，防止密度过大，减少器械和人员流动的传播，供给营养丰富的饲料，供给清洁饮水，定期严格的带鸡消毒（应用 0.2% ~ 0.3% 过氧乙酸）、空舍后彻底消毒以及鸡舍外环境消毒工作等，对预防本病均有十分重要的意义。

6. 临床用药指南

该病易继发或并发其它细菌性疾病，且易复发，因此，在药物治疗时应综合考虑用药的敏感性、用药方法、剂量和疗程。

磺胺类药物是治疗本病的首选药物，一般用复方新诺明或磺胺增效剂与其它磺胺类药物合用，或用 2 ~ 3 种磺胺类药物组成的联磺制剂。但投药时要注意时间不宜过长，一般不超过 5 天。且考虑鸡群的采食情况，当食欲变化不明显时，可选用口服易吸收的磺胺类药物，采食明显减少时，口服给药治疗效果差可考虑注射给药。磺胺二甲嘧啶（磺胺二甲基嘧啶、SM）：磺胺二甲嘧啶片按 0.2% 混饲 3 天。或按 0.1% ~ 0.2% 混饮 3 天。土霉素：20 ~ 80 克拌入 100 千克饲料自由采食，连喂 5 ~ 7 天。其它抗鸡传染性鼻炎的药物还有氟苯尼考（氟甲砜霉素）、环丙沙星（环丙氟哌酸）、恩诺沙星（乙基环丙沙星、百病消）、链霉素、庆大霉素（正泰霉素）、土霉素（氧四环素）、磺胺甲噁唑（磺胺甲基异噁唑、新诺明、新明磺、SMZ），磺胺对甲氧嘧啶（消炎磺、磺胺 –5– 甲氧嘧啶、SMD），磺胺氯达嗪钠、红霉素、金霉素（氯四环素）、氧氟沙星（氟嗪酸）。

另外，配伍中药制剂鼻通、鼻炎净等疗效更好。

4.4 念珠菌病

又称鹅口疮，俗称"大嗉子病"。临床上以上部消化道黏膜形成白色假膜和溃疡、嗉囊增大等为特征。

1. 流行特点

（1）易感动物：从育雏期到 50 日龄的肉鸡均可感染。

（2）传染源：病鸡/带菌鸡的分泌物及带菌动物均是本病主要的传染源。

（3）传播途径：由发霉变质的饲料、垫料或污染的饮水等在鸡群中传播。

（4）流行季节：主要发生在夏秋两季。

2. 临床症状

从育雏转到中鸡期间，发现部分小鸡嗉囊稍胀大，但精神、采食及饮水都正常。触诊嗉囊柔软，压迫病鸡鸣叫、挣扎，有的病鸡从口腔内流出嗉囊中的黏液样内容物（见图 3–51），有的病鸡将嗉囊中的液体吐到料槽中（见图 3–52）。随后胀大的嗉囊愈来愈明显（见图 3–53），但鸡的精神、饮水、采食仍基本正常，很少死亡，但生长速度明显减慢，肉鸡多在 40-50 日龄逐渐消瘦而死或被淘汰，而蛋鸡在采取适当的治疗后可痊愈。有的病鸡在眼睑、口角部位出现痴皮，病鸡绝食和断水 24 小时后，嗉囊增大症状可消失，但再次采食和饮水时又可增大。

3. 病理剖检变化

病 / 死鸡剖检可见：病鸡的嗉囊增大，消瘦；口腔、咽、食道黏膜形成溃疡斑块，有乳白色干酪样假膜；嗉囊有严重病变，黏膜粗糙增厚，表面有隆起的芝麻粒乃至绿豆大小的白色圆形坏死灶，重症鸡黏膜表面形成白色干酪样假膜，假膜易剥离似豆腐渣样，刮下假膜留下红色凹陷基底；个别死雏肾肿色白，输尿管变粗，内积乳白色尿酸盐；其它脏器无特异性变化。

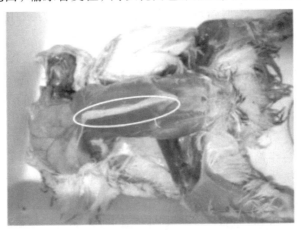

图4-7　病鸡的嗉囊增大、消瘦

图4-8　病鸡嗉囊黏膜粗糙增厚

4. 类症鉴别

在鸡病诊治的过程中，发现鸡念珠菌病的发生较为普遍，但在剖检过程中多数兽医临床工作者往往忽视检查嗉囊这一器官而造成误诊或漏诊。传统文献没有说明或报道过鸡念珠菌病有肾脏病变的出现，但在剖检病雏的过程中发现 95% 以上的病鸡肾脏及输尿管均有明显的病变，该病变是原发性还是继发性有待进一步的探讨与研究。该病出现的肾脏病变和少数病死鸡的腺胃病变在临床诊断中常易误诊为传染性腺胃炎、雏鸡病毒性肾炎、鸡肾型传染性支气管炎，霉菌毒素或药物引起的尿毒症亚临诊型新城疫等，须仔细鉴别。此外，该病的发生能抑制各种疫苗产生的抗体，影响多种治疗药物发生疗效，导致目前所出现的呼吸道病、腹泻病难以治疗，或者从临床上看似禽流感、类似新城疫、类似法氏囊，但治疗及用药都不能达到理想的情况发生。

5. 预防

禁喂发霉变质饲料、禁用发霉的垫料，保持鸡舍清洁、干燥、通风可有效防止发病。潮湿雨季，在鸡的饮水中加入 0.02% 结晶紫，每星期喂 2 次可有效预防本病。本病菌抵抗力不强，用 3%~5% 的来苏儿溶液对鸡舍、垫料进行消毒，可有效的杀死该菌。

6. 临床用药指南

立即停用抗生素，鸡舍用 0.1% 的硫酸铜喷洒消毒，每天 1 次，饮水器具用碘消毒剂每天浸泡一次，每次 15~20 分钟，连用 3 天。鸡群用制霉菌素拌料喂饲，每千克饲料拌 100 万单位。同时，让病鸡禁食 24 小时后，喂干粉料并在饲料中按说明书剂量加入酵母片、维生素 A 丸或乳化鱼肝油，每天 2 次。昼夜交替饮用硫酸铜溶液（3 克硫酸铜加水 10 千克）和口服补液盐溶液（227 克加水 10 千克），连用 5 天。

4.5 鸡毒支原体感染

又称鸡慢性呼吸道病。是由鸡毒支原体引起的一种接触性、慢性呼吸道传染病。临床上以呼吸道发生啰音、咳嗽、流鼻液和窦部肿胀为特征。

1. 流行特点

（1）易感动物：自然感染主要发生于鸡和火鸡，各种日龄鸡均可感染，以 30 ~ 60 日龄鸡最易感。

（2）传染源：病鸡或带菌鸡。

（3）传播途径：可通过直接接触传播或经卵垂直传播，尤其垂直传播可造成循环传染。

（4）流行季节：本病在冬末春初多发

2. 临床症状

潜伏期 4 ~ 21 天。雏鸡感染后发病症状明显，早期出现咳嗽、流鼻涕、打喷嚏、气喘、呼吸道啰音等，后期若发生副鼻窦炎和眶下窦炎时，可见眼睑部乃至整个颜面部肿胀，部分病鸡眼睛流泪，有泡沫样的液体。后期，鼻腔和眶下窦中蓄积渗出物，引起一侧或两侧眼睑肿胀、发硬，分泌物覆盖整个眼睛，造成失明。成年鸡症状与雏鸡基本相似，但较缓和，症状不明显，产蛋鸡主要表现为产蛋率下降，种蛋的孵化率明显降低、弱雏率上升。本病传播较慢，病程长达 1 ~ 6 个月或更长，但在新发病的鸡群中传播较快。鸡群一旦感染很难净化。

3. 病理剖检变化

病 / 死鸡剖检可见腹腔有大量泡沫样液体，气囊混浊、壁增厚，上有黄色泡沫状液体。病程久者可见特征性病变——纤维素性气囊炎，胸、腹气囊囊壁上 / 内有黄色干酪样渗出物，有的病例还可见纤维素性心包炎和纤维素性肝周炎。鼻道、眶下窦黏膜水肿、充血、肥厚或出血。窦腔内充满黏液或干酪样渗出物。

图4-9　病鸡腹腔有大量泡沫样液体

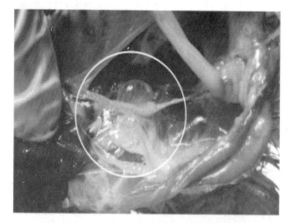

图4-10 病鸡胸腹气囊内有泡沫样渗出物

图4-11 病鸡胸气囊浑浊

图4-12 病鸡腹气囊浑浊，内有干酪样渗出物

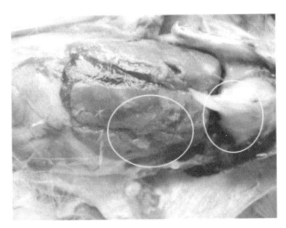

图4-13　病鸡的纤维素性心包炎和肝周炎

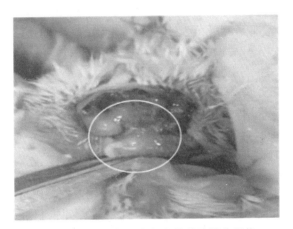

图4-14　病鸡鼻窦内有大量黏脓样分泌物

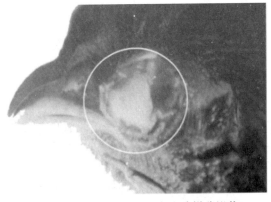

图4-15　病鸡眶下窦积有干酪样分泌物

4. 类症鉴别

该病剖检出现的心包炎、肝周炎和气囊炎（俗称"三炎"或"包心包肝"）病变与鸡大肠杆菌病、鸡痛风的剖检病变相似，应注意区别。

5. 预防

（1）定期检疫。一般在鸡 2、4、6 月龄时各进行一次血清学检验，淘汰阳性鸡，或鸡群中发现一只阳性鸡即全群淘汰，留下全部无病群隔离饲养作为种用，并对其后代继续进行观察，以确定其是否真正健康。

（2）隔离观察引进种鸡。防止引进种鸡时将病带入健康鸡群，尽可能做到自繁自养。从健康鸡场引进种蛋自行孵化；新引进的种鸡必须隔离观察 2 个月，在此期间进行血清学检查，并在半年中复检 2 次。如果发现阳性鸡，应坚决予以淘汰。

（3）免疫接种。灭活疫苗（如德国"特力威 104 鸡败血支原体灭能疫苗）的接种，在 6 ~ 8 周龄注射一次，最好 16 周龄再注射一次，都是每只鸡注射 0.5 毫升。弱毒活苗（如 F 株疫苗、MG 6/85 冻干苗、MG ts-11 等）给 1、3 和 20 日龄雏鸡点眼免疫，免疫期 7 个月。灭活疫苗一般是对 1 ~ 2 月龄母鸡注射，在开产前（15 ~ 16 周龄）再注射 1 次。

（4）提高疫苗质量。避免鸡的病毒性活疫苗中有支原体的污染，这是预防感染支原体病的重要方面。

（5）药物预防。在雏鸡出壳后 3 天饮服抗支原体药物，清除体内支原体，抗支原体药物可用枝原净，多西环素 + 氧氟沙星混饮等。

（6）加强饲养管理。鸡支原体既然在很大程度上是"条件性发病"，预防措施主要就是改善饲养条件，减少诱发因素。饲养密度一定不可太大，鸡舍内要通风良好，空气清新，温度适宜，使鸡群感到舒适。最好每周带鸡喷雾消毒（0.25% 的过氧乙酸、百毒杀等）一次，使细小雾滴在整个鸡舍内弥漫片刻，达到浮尘下落，空气净化。饲料中多维素要充足。

6. 临床用药指南

（1）已感染鸡毒支原体种蛋的处。①抗生素处理法：在处理前，先从大环内酯类、四环素类、氟喹诺酮类中，挑选对本种蛋中 MG 敏感的药物。分为抗生素注射法，即用敏感药物配比成适当的浓度，于气室上用消毒后的 12 号针头打一小孔，再往卵内注射敏感药物，进行卵内接种。温差给药法，即将孵化前的种蛋升温到 37℃，然后立即放入 5℃ 左右温度的敏感药液中，等待 15 ~ 20 分钟，取出种蛋。压力差给药法，即把常温种蛋放入一个能密闭的容器中，然后往该容器中注入对 MG 敏感的药液，直至浸没种蛋，密闭容器，抽出部分空气，而后在徐徐放入空气，使药液进入卵内。②物理处理法：加压升温法，即对一个可加压的孵化器进行升压并加温，使内部温度达到 46.1℃，保持 12 ～ 14 小时，而后转入正常温度孵化，对消灭卵内 MG 有比较满意的效果，但孵化率下降 8% ～ 12%。常压升温法，即恒温 45℃的温箱处理种蛋 14 小时，然后转入正常孵化。收到比较满意的消灭卵内 MG 的效果。

（2）药物治疗。①泰乐菌素（泰乐霉素、泰农）：5% 或 10% 泰乐菌素注射液或注射用酒石酸泰乐菌素按每千克体重 5 ～ 13 毫克一次肌肉或皮下注射，1 天 2 次，连用 5 天。8.8% 磷酸泰乐菌素预混剂按每千克饲料 300 ～ 600 毫克混饲。酒石酸泰乐菌素可溶性粉按每升饮水 500 毫克混饮 3 ～ 5 天。蛋鸡禁用，休药期 1 天。②泰妙菌素（硫姆林、泰妙灵、枝原净）：45% 延胡索酸泰妙菌素可溶性粉按每升饮水 125 ～ 250 毫克混饮 3 ～ 5 天，以上均以泰妙菌素计）。休药期 2 天。③红霉素：注射用乳糖酸红霉素或 10% 硫氰酸红霉素注射液，育成鸡按每千克体重 10 ～ 40 毫克一次肌肉注射，1 天 2 次。5% 硫氰酸红霉素可溶性粉按每升饮水 125 毫克混饮 3 ～ 5 天。产蛋鸡禁用。④吉他霉素（北里霉素、柱晶白霉素）：吉他霉素片，按每千克体重 20 ～ 50 毫克一次内服，1 天 2 次，连用 3 ～ 5 天。50% 酒石酸吉他霉素可溶性粉，按每升饮水 250 ～ 500 毫克混饮 3 ～ 5 天。产蛋鸡禁用，休药期 7 天。⑤阿米卡星（丁胺卡那霉素）：注射用硫酸阿米卡星或 10% 硫酸阿米卡星注射液按每千克体重 15 毫克一次皮下、肌肉注射。1 天 2 ～ 3 次，连用 2 ～ 3 天。⑥替米考星：替米考星可溶性粉按每升饮水 100 ～ 200 毫克混饮 5 天。休药期 14 天。⑦大观霉素（壮观霉素、奇霉素）：注射用盐酸大观霉素按每只雏鸡 2.5 ～ 5.0 毫克肌肉注射，成年鸡按每千克体重 30 毫克，1 天 1 次，连用 3 天。50% 盐酸大观霉素可溶性粉按每升饮水 500 ～ 1000 毫克混饮 3 ～ 5 天。产蛋期禁用，休药期 5 天。⑧大观霉素 - 林可霉素（利高霉素）：按每千克体重 50 ～ 150 毫克一次内服，1 天 1 次，连用 3 ～ 7 天。盐酸大观霉素 - 林可霉素可溶性粉按每升水 0.5 ～ 0.8 克混饮 3 ～ 7 天。⑨金霉素（氯四环素）：盐酸金霉素片或胶囊，内服剂量同土霉素。10% 金霉素预混剂按每千克饲料 200 ～ 600 毫克混饲，不超过 5 天。盐酸金霉素粉剂按每升饮水 150 ～ 250 毫克混饮，以上均以金霉素计。休药期 7 天。⑩多西环素（强力霉素、脱氧土霉素）：盐酸多西环素片按每千克体重 15 ～ 25 毫克一次内服，1 天 1 次，连用 3 ～ 5 天。按每千克饲料 100 ～ 200 毫克混饲。盐酸多西环素可溶性粉按每升饮水 50 ～ 100 毫克混饮。⑪二氟沙星（帝氟沙星）：二氟沙星片按每千克体重 5 ～ 10 毫克一次内服，1 天 2 次。2.5%、5% 二氟沙星水溶性粉按每升饮水 25 ～ 50 毫克混饮 5 天。产蛋鸡禁用，休药期 1 天。⑫氧氟沙星（氟嗪酸）：1% 氧氟沙星注射液按每千克体重 3 ～ 5 毫克一次肌肉注射，1 天 2 次，连用 3 ～ 5 天。氧氟沙星片按每千克体重 10 毫克一次内服，1 天 2 次。4% 氧氟沙星水溶性粉或溶液按每升饮水 50 ~ 100 毫克混饮。此外，其它抗鸡慢性呼吸道病的药物还有卡那霉素、庆大霉素（正泰霉素）、土霉素（氧四环素）（用药剂量请参考鸡白痢治疗部分），氟苯尼考（氟甲砜霉素）、安普霉素（阿普拉霉素、阿布拉霉素）、诺氟沙星（氟哌酸）、环丙沙星（环丙氟哌酸）、恩诺沙星（乙基环丙沙星、百病消）（用药剂量请参考鸡大肠杆菌病治疗部分），磺胺甲噁唑（磺胺甲基异噁唑、新诺明、新明磺、SMZ），磺胺对甲氧嘧啶（消炎磺、磺胺 –5– 甲氧嘧啶、SMD）（用药剂量请参考禽霍乱治疗部分）。

（3）中草药治疗。①石决明、草决明、苍术、橘梗各 50 克，大黄、黄芩、陈皮、苦参、甘草各 40 克，栀子、郁金各 35 克，鱼腥草 100 克，苏叶 60 克，紫菀 80 克，黄药子、白药子各 45 克，三仙、鱼腥草各 30 克，将诸药粉碎，过筛备用。用全日饲料量的 1/3 与药粉充分拌匀，并均匀撒在食槽内，待吃尽后，再添加未加药粉的饲料。剂量按每只鸡每天 2.5 ~ 3.5 克，连用 3 天。②麻黄、杏仁、石膏、橘梗、黄芩、连翘、金银花、金荞麦根、牛蒡子、穿心莲、甘草，共研细末，混匀。治疗按每只鸡每次 0.5 ~ 1.0 克，拌料饲喂，连续 5 天。

4.6 大肠杆菌病

是由大肠杆菌中某些致病性菌株引起家禽感染性疾病的总称。许多血清型的菌株可引起家禽发病，其中以 O_1、O_2、O_{78} 多见。大肠杆菌在麦康凯和远藤培养基上生长良好，由于它能分解乳糖，因此在上述培养基上形成红色的菌落。大肠杆菌为革兰氏染色阴性菌，在电镜下可见菌体有少量长的鞭毛和大量短的菌毛。随着集约化养鸡业的发展，大肠杆菌病的发病率日趋增多，造成鸡的成活率下降，增重减慢和屠宰废弃率增加，给养鸡业造成巨大的经济损失。

1. 流行特点

（1）易感动物：各种日龄、品种的鸡均可发病，以 4 月龄以内的鸡易感性较高。

（2）传染源：鸡大肠杆菌病既可单独感染，也可能是继发感染，病鸡或带菌鸡是主要的传染源。

（3）传播途径：该细菌可以经种蛋带菌垂直传播，也可经消化道、呼吸道和生殖道（自然交配或人工授精）及皮肤创伤等门户入侵，饲料、饮水、垫料、空气等是主要传播媒介。

（4）流行季节：本病一年四季均可发生，但在多雨、闷热和潮湿季节发生更多。

2. 临床症状和病理剖检变化

（1）雏鸡脐炎型。病雏的脐带发炎（俗称"硬脐"），愈合不良。卵黄变性、呈黄/绿色，吸收不良。

（2）脑炎型。见于7天内的雏鸡，病雏扭颈，出现神经症状，采食减少或不食。

（3）浆膜炎型。常见于2～6周龄的雏鸡，病鸡精神沉郁，缩颈眼闭，嗜睡，羽毛松乱，两翅下垂，食欲不振或废绝，气喘、甩鼻、出现呼吸道症状，眼结膜和鼻腔带有浆液性或黏液性分泌物，部分病例腹部膨大下垂，行动迟缓，重症者呈企鹅状，腹部触诊有液体波动。死于浆膜炎型的病鸡，可见心包积液，纤维素性心包炎，气囊混浊，呈纤维素性气囊炎，肝脏肿大，表面亦有纤维素膜覆盖，有的肝脏伴有坏死灶。重症病鸡可同时见到心包炎、肝周炎和气囊炎，有的病鸡可同时伴有腹水，腹水较浑浊或含有炎性渗出物，应注意与腹水综合征的区别。

（4）急性败血症型（大肠杆菌败血症）。是大肠杆菌病的典型表现，6～10周龄的鸡多发，呈散发性或地方流行性，病死率5%～20%，有时可达50%，特征性的病理剖检变化是见肺脏充血、水肿和出血，肝脏肿大，胆囊扩张，充满胆汁，脾、肾肿大。

（5）关节炎和滑膜炎型。一般是由关节的创伤或大肠杆菌性败血时细菌经血液途径转移至关节所致，病鸡表现为行走困难、跛行或呈伏卧姿势，一个或多个腱鞘、关节发生肿大。剖检可见关节液混浊，关节腔内有干酪样或脓性渗出物蓄积，滑膜肿胀、增厚。

（6）大肠杆菌性肉芽肿型。是一种常见的病型，45～70日龄鸡多发。病鸡进行性消瘦，可视粘膜苍白，腹泻，特征性病理剖检变化是在病鸡的小肠、盲肠、肠系膜及肝脏、心脏等表面见到黄色脓肿或肉芽肿结节，肠粘连不易分离，脾脏无病变。外观与结核结节及马立克氏病的肿瘤结节相似。严重的死亡率可高达75%。

（7）卵黄性腹膜炎和输卵管炎型。主要发生于产蛋母鸡，病鸡表现为产蛋停止，精神委顿，腹泻，粪便中混有蛋清及卵黄小块，有恶臭味。剖检时可见卵泡充血、出血、变性，破裂后引起腹膜炎。有的病例还可见输卵管炎，整个输卵管充血和出血或整个输卵管膨大，内含有干酪样物质，切面呈轮层状，可持续存在数月，并可随时间的延长而增大。

（8）全眼球炎型。当鸡舍内空气中的大肠杆菌密度过高时，或在发生大肠杆菌性败血症的同时，部分鸡可引起眼球炎，表现为一侧眼睑肿胀，流泪，羞明，眼内有大量脓液或干酪样物，角膜混浊，眼球萎缩，失明。偶尔可见两侧感染，内脏器官一般无异常病变。

（9）肿头综合征。是指在鸡的头部皮下组织及眼眶周围发生急性或亚急性蜂窝状炎症。可以看到鸡眼眶周围皮肤红肿，严重的整个头部明显肿大，皮下有干酪样渗出物。

此外，胚胎发生感染可引起胚胎死亡或出壳后幼雏陆续死亡。有些病例可出现中耳炎等临床表现。

图4-16 病鸡的心包积液，心包有纤维素性渗出

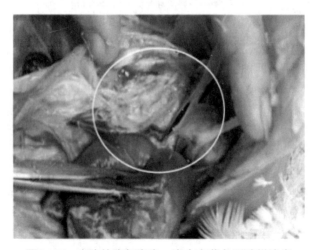

图4-17 病鸡的胸气囊炎，囊内有黄色干酪样渗出

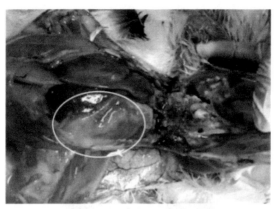

图4-18 病鸡的肝周炎,肝脏被膜有渗出物覆盖

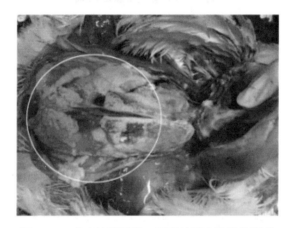

图4-19 病鸡的肝周炎,肝脏被膜有渗出物覆盖

图4-20 感染病鸡出现腹水

图4-21 感染病鸡的腹水浑浊或含有炎性渗出物

3. 类症鉴别

（1）该病剖检出现的心包炎、肝周炎和气囊炎（俗称"三炎"或"包心包肝"）病变与鸡毒支原体、鸡痛风的剖检病变相似，应注意区别。

（2）该病表现的腹泻与球虫病、轮状病毒、疏密螺旋体、某些中毒病等出现的腹泻相似，应注意鉴别。

（3）该病出现的输卵管炎与鸡白痢、禽伤寒、禽副伤寒等呈现的输卵管炎相似，应注意区别。

（4）该病表现的呼吸困难与鸡毒支原体、新城疫、鸡传染性支气管炎、禽流感、鸡传染性喉气管炎等表现的症状相似，应注意区别。

（5）该病引起的关节肿胀、跛行与葡萄球菌/巴氏杆菌/沙门氏菌关节炎、病毒性关节炎、锰缺乏症等引起的病变类似，应注意鉴别。

（6）该病引起的脐炎、卵黄囊炎与鸡沙门氏菌病、葡萄球菌病等引起的病变类似，应注意区别。

（7）该病引起的眼炎与葡萄球菌性眼炎、衣原体病、氨气灼伤、维生素A缺乏症等引起的眼炎类似，应注意区别。

4. 预防

（1）免疫接种。为确保免疫效果，须用与鸡场血清型一致的大肠杆菌制备的甲醛灭活苗、大肠杆菌灭活油乳苗、大肠杆菌多价氢氧化铝苗或多价油佐剂苗进行两次免疫，第一次接种时间为4周龄，第二次接种时间为18周龄，以后每隔6个月进行一次加强免疫注射。体重在3千克以下皮下注射0.5毫升，在3千克以上皮下注射1.0毫升。

（2）建立科学的饲养管理体系。鸡大肠杆菌病在临床上虽然可以使用药物控制，但不能达到永久的效果，加强饲养管理，搞好鸡舍和环境的卫生消毒工作，避免各种应激因素显得至关重要。①种鸡场要及时收拣种蛋，避免种蛋被粪便污染。②搞好种蛋、孵化器及孵化全过程的清洁卫生及消毒工作。③注意育雏期间的饲养管理，保持较稳定的温度、湿度（防止时高时低），做好饲养管理用具的清洁卫生。④控制鸡群的饲养密度，防止过分拥挤。保持空气流通、新鲜，防止有害气体污染。定期消毒鸡舍、用具及养鸡环境。⑤在饲料中增加蛋白质和维生素 E 的含量，可以提高鸡体抗病能力。应注意饮水污染，做好水质净化和消毒工作。鸡群可以不定期的饮用"生态王"，维持肠道正常菌群的平衡，减少致病性大肠杆菌的侵入。

（3）建立良好的生物安全体系。正确选择鸡场场址，场内规划应合理，尤其应注意鸡舍内的通风。消灭传染源，减少疫病发生。重视新城疫、禽流感、传染性法氏囊病、传染性支气管炎等传染病的预防，重视免疫抑制性疾病的防控。

（4）药物预防。有一定的效果，一般在雏鸡出壳后开食时，在饮水中加入庆大霉素（剂量为 0.04% ~ 0.06%，连饮 1 ~ 2 天）或其它广谱抗生素；或在饲料中添加微生态制剂，连用 7 ~ 10 天。

5. 临床用药指南

在鸡群中流行本病时，及时挑出病鸡，进行淘汰或隔离单独治疗，对于同群临床健康鸡，使用敏感的抗菌药物治疗。大肠杆菌易产生耐药性，要定期更换用药或几种药物交替使用。每次喂完抗菌药物之后，为了调整肠道微生物区系的平衡，可考虑饲喂微生态制剂 2 ~ 3 天。

（1）西药治疗。①头孢噻呋（赛得福、速解灵、速可生）：注射用头孢噻呋钠或 5% 盐酸头孢噻呋混悬注射液，雏鸡按每只 0.08 ~ 0.2 毫克颈部皮下注射。②氟苯尼考（氟甲砜霉素）：氟苯尼考注射液按 1 千克体重 20 ~ 30 毫克 1 次肌肉注射，1 天 2 次，连用 3 ~ 5 天。或按 1 千克体重 10 ~ 20 毫克 1 次内服，1 天 2 次，连用 3 ~ 5 天。10% 氟苯尼考散按 1 千克饲料 50 ~ 100 毫克混饲 3 ~ 5 天。以上均以氟苯尼考计。③安普霉素（阿普拉霉素、阿布拉霉素）：40% 硫酸安普霉素可溶性粉按每升饮水 250 ~ 500 毫克混饮 5 天。以上均以安普霉素计。产蛋期禁用，休药期 7 天。④诺氟沙星（氟哌酸）：2% 烟酸或乳酸诺氟沙星注射液按 1 千克体重 10 毫克 1 次肌肉注射，1 天 2 次。2%、10% 诺氟沙星溶液按每千克体重 10 毫克 1 次内服，1 天 1 ~ 2 次。按 1 千克饲料 50 ~ 100 毫克混饲，或按每升饮水 100 毫克混饮。⑤环丙沙星（环丙氟哌酸）：2% 盐酸或乳酸环丙沙星注射液按 1 千克体重 5 毫克 1 次肌肉注射，1 天 2 次，连用 3 天。或按 1 千克体重 5 ~ 7.5 毫克一次内服，1 天 2 次。2% 盐酸或乳酸环丙沙星可溶性粉按每升饮水25～50毫克混饮，连用3～5天。⑥恩诺沙星（乙基环丙沙星、百病消）：0.5%、2.5%恩诺沙星注射液按1千克体重2.5～5毫克1次肌肉注射，1天1～2次，连用2～3天。恩诺沙星片按1千克体重5～7.5毫克1次内服，1天1～2次，连用3～5天。2.5%、5%恩诺沙星可溶性粉按每升饮水50～75毫克混饮，连用3～5天。休药期8天。⑦甲磺酸达氟沙星（单诺沙星）：2%甲磺酸达氟沙星可溶性粉或溶液按每升饮水25～50毫克混饮3～5天。此外，其它抗鸡大肠杆菌病的药物有氨苄西林（氨苄青霉素、安比西林）、链霉素、卡那霉素，庆大霉素（正泰霉素）、新霉素（弗氏霉素、新霉素B）、土霉素（氧四环素）（用药剂量请参考鸡白痢治疗部分），泰乐菌素（泰乐霉素、泰农）、阿米卡星（丁胺卡那霉素）、大观霉素（壮观霉素、奇霉素）、大观霉素-林可霉素（利高霉素）、多西环素（强力霉素、脱氧土霉素）、氧氟沙星（氟嗪酸）（用药剂量请参考鸡毒支原体病治疗部分），磺胺对甲氧嘧啶（消炎磺、磺胺-5-甲氧嘧啶、SMD），磺胺氯达嗪钠，沙拉沙星。

（2）中药治疗。①黄柏100克，黄连100克，大黄50克，加水1500毫升，微火煎至1000毫升，取药液；药渣加水如上法再煎一次，合并两次煎成的药液以1:10的比例稀释饮水，供1000羽鸡饮水，一天1剂，连用3天。②黄连、黄芩、栀子、当归、赤芍、丹皮、木通、知母、肉桂、甘草、地榆炭按一定比例混合后，粉碎成粗粉，成鸡每次1～2克，每次2次，拌料饲喂，连喂3天；症状严重者，每天2次，每次2～3克，做成药丸填喂，连喂3天。

4.7 禽霍乱

是由多杀性巴氏杆菌引起的一种急性、热性传染病。临床上以传播快，心冠脂肪出血和肝脏有针尖大小的坏死点等为特征。

1. 流行特点

（1）易感动物：各种日龄和各品种的鸡均易感染本病，3～4月龄的鸡和成年鸡较容易感染。

（2）传染源：病鸡／带菌鸡的排泄物、分泌物及带菌动物均是本病主要的传染源。

（3）传播途径：主要通过消化道和呼吸道，也可通过吸血昆虫和损伤的皮肤黏膜而感染。

（4）流行季节：本病一年四季均可发生，但以夏、秋季节多发。但气候剧变、闷热、潮湿、多雨时期发生较多。长途运输或频繁迁移，过度疲劳，饲料突变，营养缺乏，寄生虫等可诱发此病。

2. 临床症状与病理变化

禽霍乱的自然感染潜伏期2～9天。多杀性巴氏杆菌的强毒力菌株感染后多呈败血性经过，急性发病，病死率高，可达30%～40%，较弱毒力的菌株感染后病程较慢，死亡率亦不高，常呈散发性。病鸡表现的症状主要有以下三种：

（1）最急性型。常发生在暴发的初期，特别是产蛋鸡，没有任何症状，突然倒地，双翅扑腾几下即死亡。

（2）急性型。最为常见，表现发热，少食或不食，精神不振，呼吸急促，鼻和口腔中流出混有泡沫的黏液，排黄色、灰白色或淡绿色稀粪。鸡冠、肉髯呈青紫色，肉髯肿胀、发热，最后出现痉挛、昏迷而死亡。

（3）慢性型。多见于流行后期或常发地区，病变常局限于身体的某一部位，某些病鸡一侧或两侧肉髯明显肿大，某些病鸡出现呼吸道症状，鼻腔流黏液，脸部、鼻窦肿大，喉头分泌物增多，病程在1个月以上，某些病鸡关节肿胀或化脓，出现跛行。蛋鸡产蛋减少。

3. 病理剖检变化

最急性型死亡的病鸡无特殊病变，有时只能看见心外膜有少许出血点。急性病例病变较为特征，病鸡的腹膜、皮下组织及腹部脂肪常见小点出血；心包变厚，心包内积有多量淡黄色液体，有的含纤维素絮状液体，心外膜、心冠脂肪出血尤为明显，有的病鸡的心冠脂肪在炎性渗出物下有大量出血；肺有充血或出血点；肝脏稍肿，质变脆，呈棕色或黄棕色，肝表面散布有许多灰白色、针头大的坏死点；有的病例腺胃乳头出血，肌胃角质层下出血显著；肠道尤其是十二指肠呈卡他性和出血性肠炎，肠内容物含有血液。产蛋鸡卵泡出血、破裂。

图4-22 病鸡的心冠脂肪上有出血点

图4-23　病鸡的心冠脂肪和心肌在炎性渗出物下有出血点

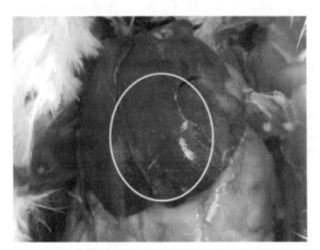

图4-24　病鸡的肝脏肿大，表面有针尖大的灰白色坏死点

4.类症鉴别

该病的急性型出现的腺胃乳头出血与鸡新城疫、禽流感、喹乙醇中毒等病的出现的病变类似，应注意区别。

5.预防

（1）免疫接种。弱毒菌苗有禽霍乱 G190E40 弱毒菌苗等，灭活菌苗有禽霍乱氢氧化铝菌苗、禽霍乱油乳剂灭活菌苗、禽霍乱乳胶灭活菌苗等，其它还有禽霍乱荚膜亚单位疫苗。建议免疫程序如下：肉鸡于 20～30 日龄免疫一次即可，蛋/种鸡于 20～30 日龄首免，开产前半个月二免，开产后每半年免疫一次。

（2）被动免疫。患病鸡群可用猪源抗禽霍乱高免血清，在鸡群发病前作短

期预防接种，每只鸡皮下或肌肉注射 2 ～ 5 毫升，免疫期为两周左右。

（3）加强饲养管理。平时应坚持自繁自养原则，由外地引进种鸡时，应从

无本病的鸡场选购，并隔离观察 1 个月，无问题再与原有的鸡合群。采取全进全出的饲养制度，搞好清洁卫生和消毒工作。

6. 临床用药指南

许多抗菌药物能迅速控制本病，但停药后极易复发，在治疗时应注意疗程。磺胺类药物会影响机体维生素的吸收，在治疗过程中应在饲料或饮水中补充适量的维生素 / 电解多维；磺胺类的药物使用时间过长会对鸡的肾功能造成损害，用药后应适当使用通肾的药物。

（1）特异疗法。用牛或马等异种动物及禽制备的禽霍乱抗血清，用于本病的紧急治疗，有较好的效果。

（2）药物疗法。①磺胺甲噁唑（磺胺甲基异噁唑、新诺明、新明磺、SMZ）：40% 磺胺甲噁唑注射液按每千克体重20 ～ 30毫克一次肌肉注射，连用3天。磺胺甲噁唑片按0.1% ～ 0.2%混饲。②磺胺对甲氧嘧啶（消炎磺、磺胺-5-甲氧嘧啶、SMD）：磺胺对甲氧嘧啶片按每千克体重50 ～ 150毫克一次内服，1天1 ～ 2次，连用3 ～ 5天。按0.05% ～ 0.1%混饲3 ～ 5天，或按0.025% ～ 0.05%混饮3 ～ 5天。③磺胺氯达嗪钠：30%磺胺氯达嗪钠可溶性粉，肉禽按每升饮水300毫克混饮3 ～ 5天。休药期1天。禽产蛋期禁用。④沙拉沙星：5%盐酸沙拉沙星注射液，1日龄雏禽按每只0.1毫升一次皮下注射。1%盐酸沙拉沙星可溶性粉按每升饮水20 ～ 40毫克混饮，连用5天。产蛋禽禁用。此外，其它抗鸡霍乱的药物还有链霉素、土霉素（氧四环素）、金霉素（氯四环素）、环丙沙星（环丙氟哌酸）、甲磺酸达氟沙星（单诺沙星）等。

（3）中草药治疗。①穿心莲、板蓝根各6份，蒲公英、旱莲草各5份，苍术3份，粉碎成细粉，过筛，混匀，加适量淀粉，压制成片，每片含生药为0.45克，鸡每次3 ～ 4片，每天3次，连用3天。②雄黄、白矾、甘草各30克，双花、连翘各15克，茵陈50克，粉碎成末拌入饲料投喂，每次0.5克，每天2次，连用5 ～ 7天。③茵陈、半枝莲、大青叶各100克，白花蛇舌草200克，藿香、当归、车前子、赤芍、甘草各50克，生地150克，水煎取汁，为100羽鸡只3天用量，分3 ～ 6次饮服或拌入饲料，病重不食者灌少量药汁，适用于治疗急性禽霍乱。④茵陈、大黄、茯苓、白术、泽泻、车前子各60

克，白花蛇舌草、半枝莲各80克，生地、生姜、半夏、桂枝、白芥子各50克，水煎取汁供100羽鸡1天用，饮服或拌入饲料，连用3天，用于治疗慢性禽霍乱。

4.8 鸡白痢

是由鸡白痢沙门氏菌引起的一种传染病，其主要特征是患病雏鸡排白色糊状粪便。

1. 流行特点

（1）易感动物：多种家禽（如鸡、火鸡、鸭、雏鹅、珍珠鸡、野鸡、鹌鹑、麻雀、欧洲莺、鸽等），但流行主要限于鸡和火鸡，尤其鸡对本病最敏感。

（2）传染源：病鸡的排泄物、分泌物及带菌种蛋均是本病主要的传染源。

（3）传播途径：主要经蛋垂直传播，也可通过被粪便污染的饲料、饮水和孵化设备而水平传播，野鸟、啮齿类动物和蝇可做为传播媒介。

（4）流行季节：无明显的季节性。

2. 临床症状

经蛋严重感染的雏鸡往往在出壳后1～2天内死亡，部分外表健康的雏鸡7～10天时发病，7～15日龄为发病和死亡的高峰，16～20日龄时发病逐日下降，20日龄后发病迅速减少。其发病率因品种和性别而稍有差别，一般在5%～40%左右，但在新传入本病的鸡场，其发病率显著增高，有时甚至达100%，病死率也较老疫区的鸡群高。病鸡的临床症状因发病日龄不同而有较大的差异。

（1）雏鸡：3周龄以内雏鸡临床症状较为典型，怕冷、扎堆、尖叫、两翅下垂、反应迟钝、不食或少食、拉白色糊状或带绿色的稀粪，沾染肛门周围的绒毛，粪便干后结成石灰样硬块常常堵塞肛门，发生"糊肛"现象，影响排粪。肺型白痢病例出现张口呼吸，最后因呼吸困难、心力衰竭而死亡。某些病雏出现眼盲或关节肿胀、跛行。病程一般4～7天，短者1天，20日龄以上鸡病程较长，病鸡极少死亡。耐过鸡生长发育不良，成为慢性患者或带菌者。

（2）育成鸡：多发生于40～80日龄，青年鸡的发病受应激因素（如密度过大、气候突变、卫生条件差等）的影响较大。一般突然发生，呈现零星突然死亡，从整体上看鸡群没有什么异常，但鸡群中总有几只鸡精神沉郁、食欲差和腹泻。病程较长，约15～30天，死亡率达5%～20%。

（3）成年鸡：一般呈慢性经过，无任何症状或仅出现轻微症状。冠和眼结膜苍白，渴欲增加，感染母鸡的产蛋量、受精率和孵化率下降。极少数病鸡表现精神萎顿，排出稀粪，产蛋停止。有的感染鸡因卵黄囊炎引起腹膜炎、腹膜增生而呈"垂腹"现象。

3. 病理剖检变化

（1）雏鸡：病／死雏鸡卵黄吸收不良，呈污绿色或灰黄色奶油样或干酪样。肝、脾、肾肿胀，有散在或密布的坏死点。肾充血或贫血，肾小管和输尿管充满尿酸盐呈花斑状。盲肠膨大，有干酪样物阻塞。"糊肛"鸡见直肠积粪。病程稍长者，在肺脏上有黄白色米粒大小的坏死结节。

（2）育成鸡：肝脏肿大至正常的数倍，质地极脆，一触即破，有散在或较密集的小红点或小白点；脾脏肿大；心脏严重变形、变圆、坏死，心包增厚，心包扩张，心包膜呈黄色不透明，心肌有黄色坏死灶，心脏形成肉芽肿；肠道呈卡他性炎症，盲肠、直肠形成粟粒大小的坏死结节。

（3）成年鸡：成年母鸡主要剖检病变为卵子变形、变色，有腹膜炎，伴以急性或慢性心包炎；成年公鸡出现睾丸炎或睾丸极度萎缩，输精管管腔增大，充满稠密的均质渗出物。

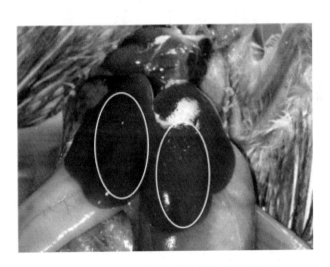

图4-25 病鸡肝脏上有散在的灰白色坏死点

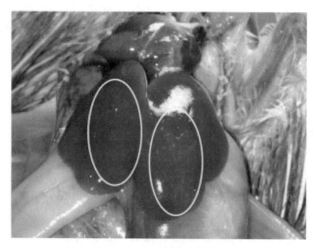

图4-26 "糊肛"鸡直肠积粪

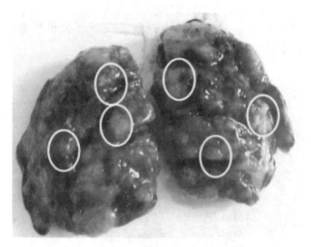

图4-27 病鸡肺上有黄白色米粒大小的坏死结节

4. 药物预防

在雏鸡首次开食和饮水时添加预防鸡白痢的药物（见治疗部分）。

5. 临床用药指南

在隔离病鸡，加强消毒的基础上选择下列药物进行治疗。

氨苄西林（氨苄青霉素、安比西林）：注射用氨苄西林钠按每千克体重10～20毫克一次肌肉或静脉注射，1天2～3次，连用2～3天。氨苄西林钠胶囊按每千克体重20～40毫克一次内服，1天2～3次。55%氨苄西林钠可溶性粉按每升饮水600毫克混饮。

（1）链霉素：注射用硫酸链霉素每千克体重20～30毫克一次肌肉注射，1天2～3次，连用2～3天。硫酸链霉素片按每千克体重50毫克内服，或按每升饮水30～120毫克混饮。

（2）卡那霉素：25%硫酸卡那霉素注射液按每千克体重10～30毫克一次肌肉注射，1天2次，连用2～3天。或按每升水30～120毫克混饮2～3天。

（3）庆大霉素（正泰霉素）：4%硫酸庆大霉素注射液按每千克体重5～7.5毫克一次肌肉注射。1天2次，连用2～3天。硫酸庆大霉素片按每千克体重50毫克内服。或按每升饮水20～40毫克混饮3天。

新霉素（弗氏霉素、新霉素B）：硫酸新霉素片按每千克饲料70～140毫克混饲3～5天。3.25%、6.5%硫酸新霉素可溶性粉按每升水35～70毫克混饮3～5天。蛋鸡禁用。肉鸡休药期5天。

（4）土霉素（氧四环素）：注射用盐酸土霉素按每千克体重25毫克一次肌肉注射。土霉素片按每千克体重25～50毫克一次内服，1天2～3次，连用3～5天。或或按每千克饲料200～800毫克混饲。盐酸土霉素水溶性粉按每升饮水150～250毫克混饮。

（5）甲砜霉素：甲砜霉素片按每千克体重20～30毫克一次内服，1天2次，连用2～3天。5%甲砜霉素散，按每千克饲料50～100毫克混饲。以上均以甲砜霉素计。

此外，其它抗鸡白痢药物还有氟苯尼考（氟甲砜霉素）、安普霉素（阿普拉霉素、阿布拉霉素）、诺氟沙星（氟哌酸）、环丙沙星（环丙氟哌酸）、恩诺沙星（乙基环丙沙星、百病消）、多西环素（强力霉素、脱氧土霉素）、氧氟沙星（氟嗪酸）、磺胺甲噁唑（磺胺甲基异噁唑、新诺明、新明磺、SMZ）、阿莫西林(羟氨苄青霉素)等。

4.9 葡萄球菌病

是由金黄色葡萄球菌引起的一种人畜共患传染病。其发病特征是幼鸡呈急性败血症，育成鸡和成年鸡呈慢性型，表现为关节炎或翅膀坏死。该病的流行往往可造成较高的淘汰率和病死率，给养鸡生产带来较大的经济损失。

1. 流行特点

白羽产白壳蛋的轻型鸡种易发，而褐羽产褐壳蛋的中型鸡种很少发生。4～12周龄多发，地面平养和网上平养较笼养鸡发生多。其发病率与饲养管理水平、环境卫生状况以及饲养密度等因素有直接的关系，死亡率一般2%～50%不等。本病一年四季均可发生，以多雨、潮湿的夏秋季节多发。该细菌主要经皮肤创伤、毛孔、消化道、呼吸道、雏鸡的脐带入侵。鸡群拥挤互相啄斗，鸡笼破旧致使铁丝刺伤皮肤，患皮肤型鸡痘或其它因素造成皮肤的破损等都是本病的诱因。

2. 临床表现和剖检病变

（1）脑脊髓炎型：多见于10日龄内的雏鸡，表现为扭颈、头后仰、两翅下垂、腿轻度麻痹等神经症状，有的病鸡以喙着地支持身体平衡，一般发病后3～5天死亡。

（2）急性败血型：以30日龄左右的雏鸡多见，肉鸡较蛋鸡发病率高。病鸡表现体温升高，精神沉郁，食欲下降，羽毛蓬乱，缩颈闭目，呆立一隅，腹泻；同时在翼下、下腹部等处有局部炎症，呈散发流行，病死率较高。剖检有时可见到肝、脾有小化脓灶。

（3）浮肿性皮炎型：以30～70日龄的鸡多发，病鸡的精神极度沉郁，羽毛蓬松，翅膀、胸部、臀部和下腹部的皮下有浆液性的渗出液，呈现紫黑色的浮肿，用手触摸有明显的波动感，轻抹羽毛即掉下，有时皮肤破溃，流出紫红色有臭味的液体。本病的发展过程较缓慢，但出现上述症状后2～3天内死亡，尸体极易腐败。这种类型的平均死亡率为5%～10%，严重时高达100%。

（4）脚垫肿和关节炎型：多发生于成年鸡和肉种鸡的育成阶段，感染发病的关节主要是胫、跗关节、趾关节和翅关节。发病时关节肿胀，呈紫红色，破溃后形成黑色的痂皮。病鸡精神较差，食欲减退，跛行、不愿走动。严重者不能站立。剖检见受害关节及邻近的腱鞘肿胀、变形，关节周围结缔组织增生，关节腔内有浆液性至干酪样渗出物。

（5）肺炎型：多见于中雏，表现为呼吸困难。剖检特征为肺淤血、水肿和肺实质变化等。

（6）卵巢囊肿型：剖检可见卵巢表面密布着粟粒大或黄豆大的橘黄色囊泡，囊腔内充满红黄色积液。输卵管肿胀、湿润，黏膜面有弥漫性的针尖大的出血，泄殖腔黏膜弥漫性出血。少数病鸡的输卵管内滞留未完全封闭的连柄畸形卵，卵表面沾满暗紫色的淤血。

（7）眼型：病鸡表现为头部肿大，眼睑肿胀，闭眼，有脓性分泌物，病程长者眼球下陷，失明。

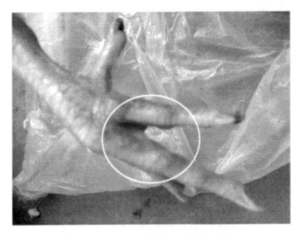

图4-28　病鸡的感染脚趾关节呈紫红色

图4-29　感染关节破溃后形成黑色痂皮

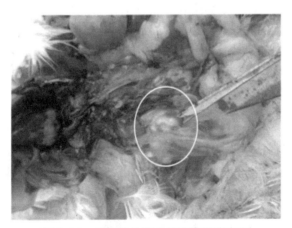

图4-30　感染股关节内的干酪样渗出物

3. 类症鉴别

本病与硒缺乏症，病毒性关节炎、滑膜霉形体滑膜炎、大肠杆菌病、鸡霍乱等有相似之处，应注意区别诊断。硒缺乏症，即小鸡的渗出性素质。二者在腹部皮下都有渗出下积液方面有相似之处。但在硒缺乏症时皮肤无任何外伤，且其渗出液呈蓝绿色，局部的羽毛不易脱落，属非炎性水肿的漏出液。

4. 预防

（1）免疫接种。可用葡萄球菌多价氢氧化铝灭活菌苗与油佐剂灭活菌给 20～30 日龄的鸡皮下注射 1 毫升。

防止发生外伤。在鸡饲养过程中，要定期检查笼具、网具是否光滑平整，有无外露的铁丝尖头或其它尖锐物，网眼是否过大。平养的地面应平整，垫料宜松软，防硬物刺伤脚垫。防止鸡群互斗和啄伤等。

做好皮肤外伤的消毒处理。在断喙、带翅号（或脚号）、剪趾及免疫刺种时，要做好消毒工作。

加强饲养管理。注意舍内通风换气，防止密集饲养，喂给必需的营养物质，特别要供给足够的维生素。做好孵化过程和鸡舍卫生及消毒工作。

5. 临床用药指南

（1）隔离病鸡，加强消毒。一旦发病，应及时隔离病鸡，对可疑被污染的鸡舍、鸡笼和环境，可进行带鸡消毒。常用的消毒药如 2%～3% 石炭酸、0.3% 过氧乙酸等。

（2）药物治疗。投药前最好进行药物敏感试验，选择最有效的敏感药物进行全群投药。①青霉素：注射用青霉素钠或钾按每千克体重 5 万单位一次肌肉注射，1 天 2～3 次，连用 2～3 天。②维吉尼亚霉素（弗吉尼亚霉素）：50% 维吉尼亚霉素预混剂按每千克饲料 5～20 毫克混饲（以维吉尼亚霉素计）。产蛋期及超过 16 周龄母鸡禁用。休药期 1 天。③阿莫西林（羟氨苄青霉素）：阿莫西林片按每千克体重 10～15 毫克一次内服，1 天 2 次。④头孢氨苄（先锋霉素Ⅳ）：头孢氨苄片或胶囊按每千克体重 35～50 毫克一次内服，雏鸡 2～3 小时一次，成年鸡可 6 小时一次。⑤林可霉素（洁霉素、林肯霉素）：30% 盐酸林可霉素注射液按每千克体重 30 毫克一次肌肉注射，一天 1 次，连用 3 天。盐酸林可霉素片按每千克体重 20～30 毫克一次内服，每日 2 次。11% 盐酸林可霉素预混剂按每千克饲料 22～44 毫克混饲 1～3 周。40% 盐酸林可霉素可溶性粉按每升饮水 200～300 毫克混饮 3～5 天。以上均以林可霉素计。产蛋期禁用。此外，其它抗鸡葡萄球菌病的药物还有庆大霉素（正泰霉素）、新霉素（弗氏霉素、新霉素 B）、土霉素（氧四环素）（用药剂量请参考鸡白痢治疗部分），头孢噻呋（赛得福、速解灵、速可生）、氟苯尼考（氟甲砜霉素）（用药剂量请参考鸡大肠杆菌病治疗部分），磺胺甲噁唑（磺胺甲基异噁唑、新诺明、新明磺、SMZ）（用药剂量请参考禽霍乱治疗部分），泰妙菌素、替米考星（用药剂量请参考鸡慢性呼吸道病治疗部分）。

（3）外科治疗。对于脚垫肿、关节炎的病例，可用外科手术，排出脓汁，用碘酊消毒创口，配合抗生素治疗即可。

中草药治疗。①黄芩、黄连叶、焦大黄、黄柏、板蓝根、茜草、大蓟、车前子、神曲、甘草各等份加水煎汤，取汁拌料，按每只每天 2 克生药计算，每天一剂，连用 3 天。②鱼腥草、麦芽各 90 克，连翘、白及、地榆、茜草各 45 克，大黄、当归各 40 克，黄柏 50 克，知母 30 克，菊花 80 克，粉碎混匀，按每只鸡每天 3.5 克拌料，4 天为一疗程。

第 5 章　家禽寄生虫病

5.1　鸡球虫病

是由艾美耳属球虫（柔嫩艾美耳球虫、毒害艾美耳球虫等）引起的疾病的总称。临床上以贫血，消瘦和血痢等为特征。我国将其列为二类动物疫病。

1. 流行特点

（1）易感动物：鸡是鸡球虫唯一的天然宿主。所有日龄和品种的鸡对球虫都易感染，一般暴发于 3 ~ 6 周龄的小鸡，很少见于 2 周龄以内的鸡群。堆型、柔嫩和巨型艾美耳球虫的感染常发生在 3 ~ 7 周龄的鸡，而毒害艾美耳球虫常见于 8 ~ 18 周龄的鸡。

（2）传染源：病鸡、带虫鸡排出的粪便。耐过的鸡，可持续从粪便中排出球虫卵囊达 7.5 个月。

（3）传播途径：苍蝇、甲虫、蟑螂、鼠类、野鸟、甚至人都可成为该寄生虫的机械性传播媒介，凡被病鸡、带虫鸡的粪便或其他动物污染过的饲料、饮水、土壤或用具等，都可能有卵囊存在，易感鸡吃了大量被污染的卵囊，经消化道传播。

（4）流行季节：该病一年四季均可发生，4 ~ 9 月为流行季节，特别是 7 ~ 8 月潮湿多雨、气温较高的梅雨季节易暴发。

2. 临床症状

不同品种、年龄的鸡均有易感性，以 15 ~ 50 日龄的鸡易感性最高，发病率高达 100%，死亡率 80% 以上。病愈后生长发育受阻，长期不能康复。成年鸡几乎不发病，多为带虫者，但增重和产蛋受到一定影响。其临床表现可分为急性型和慢性型。

（1）急性型。多见于 1 ~ 2 个月龄的鸡。在鸡感染球虫且未出现临床症状之前，一般采食量和饮水明显增加，继而出现精神不振，食欲减退，羽毛松乱，缩颈闭目呆立；贫血，皮肤、冠和肉髯颜色苍白，逐渐消瘦；拉血样粪便，或暗红色 / 西红柿样粪便，严重者甚至排出鲜血（见图 3-58），尾部羽毛被血液或暗红色粪便污染。末期病鸡常痉挛或昏迷而死。

（2）慢性型。多见于 2 ～ 4 个月的青年鸡或成鸡，症状与急性类似，逐渐消瘦，间歇性腹泻，产蛋量减少。病程数周或数月，饲料报酬低，生产性能降低，死亡率低。

3. 病理剖检变化

不同种类的艾美耳球虫感染后，其病理变化也不同。

柔嫩艾美耳球虫　寄生于盲肠，致病力最强。盲肠肿大 2 ～ 3 倍，呈暗红色，浆膜外有出血点、出血斑；剪开盲肠，内有大量血液、血凝块，盲肠黏膜出血、水肿和坏死，盲肠壁增厚。

毒害艾美耳球虫寄生于小肠中三分之一段，致病力强；巨型艾美耳球虫寄生于小肠，以中段为主，有一定的致病作用；堆型艾美耳球虫寄生于十二指肠及小肠前段，有一定的致病作用，严重感染时引起肠壁增厚和肠道出血等病变；和缓艾美耳球虫、哈氏艾美耳球虫寄生在小肠前段，致病力较低，可能引起肠粘膜的卡他性炎症；早熟艾美耳球虫寄生在小肠前三分之一段，致病力低，一般无肉眼可见的病变。布氏艾美耳球虫寄生于小肠后段，盲肠根部，有一定的致病力，能引起肠道点状出血和卡他性炎症。其共同的特点是损害肠管变粗、增厚，黏膜上有许多小出血点或严重出血，肠内有凝血或西红柿样黏性内容物，重症者肠黏膜出现糜烂、溃疡或坏死。变位艾美耳球虫寄生于小肠、直肠和盲肠，有一定的致病力，轻度感染时肠道的浆膜和粘膜上出现单个的、包含卵囊的斑块，严重感染时可出现散在的或集中的斑点。

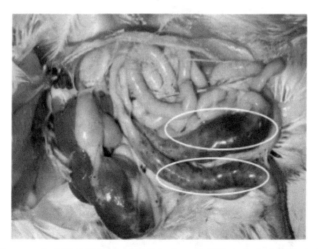

图5-1　病鸡的盲肠肿大，呈暗红色，浆膜外有出血点、出血斑

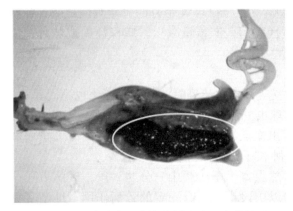

图5-2　病鸡盲肠内有大量血液、血凝块

图5-3　病鸡盲肠黏膜出血

图5-4　病鸡的小肠肠管变粗，浆膜上有许多小出血点

图5-5　病鸡的小肠肠管变粗，浆膜严重出血

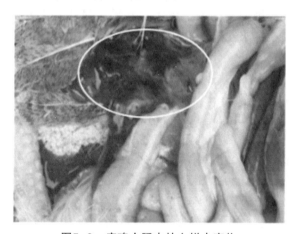

图5-6　病鸡小肠内的血样内容物

图5-7　病鸡小肠内的西红柿样内容物

4. 类症鉴别诊断

（1）该病的排血便（西红柿样粪便）和肠道出血症状与维生素 K 缺乏症、出血性肠炎、鸡坏死性肠炎、鸡组织滴虫病等出现的症状相似，应注意区别。

（2）该病出现的鸡冠、肉髯苍白症状与鸡传染性贫血、磺胺药物中毒、住白细胞虫病、蛋鸡脂肪肝综合征、维生素 B12 缺乏症等出现的症状相似，详细鉴别见下文"鸡脂肪肝综合征"类症鉴别诊断部分的叙述。

（3）该病表现出的过料、水样粪便表现与雏鸡开口药药量过大、氟苯尼考加量使用导致维生素 B 缺乏、肠腔缺乏有益菌等的表现类似，应注意区别。

5. 预防

（1）免疫接种。疫苗分为强毒卵囊苗和弱毒卵囊苗两类，疫苗均为多价苗，包含柔嫩、堆型、巨型、毒害、布氏、早熟等主要虫种。疫苗大多采用喷料或饮水，将球虫苗（1~2头份）喷料接种可于1日龄进行，饮水接种须推迟到5~10日龄进行。鸡群在地面垫料上饲养的，接种一次卵囊；笼养与网架饲养的，首免之后间隔7~15天要进行二免。疫苗免疫前后应避免在饲料中使用抗球虫药物，以免影响免疫效果。

（2）药物预防。①蛋鸡的药物预防：可从10~12日龄开始，至70日龄前后结束，在此期间持续用药不停；也可选用两种药品，间隔3~4周轮换使用（即穿梭用药）。②肉鸡的药物预防：可从1~10日龄开始，至屠宰前休药期为止，在此期间持续用药不停。③蛋鸡与肉鸡若是笼养，或在金属网床上饲养，可不用药物预防。

（3）平时的饲养管理。鸡群要全进全出，鸡舍要彻底清扫、消毒（有条件时应使用火焰消毒），保持环境清洁、干燥和通风，在饲料中保持有足够的维生素 A 和维生素 K 等。同一鸡场，应将雏鸡和成年鸡要分开饲养，避免耐过鸡排出的病原传给雏鸡。

6. 临床用药指南

用药后应及时清除鸡群排出的粪便，将粪便堆积发酵，同时将粪便污染的场地进行彻底消毒，避免二次感染。为防止球虫在接触药物后产生耐药性，应采用穿梭用药、轮换用药或联合用药方案；抗球虫药物在治疗球虫病时易破坏肠内的微生物区系，故在喂药之后饲喂1~2天微生态制剂（益生素）；抗球虫药会影响机体维生素的吸收，在治疗过程中应在饲料或饮水中补充适量的维生素/电解多维；使用（甲基）盐霉素等聚醚类抗球虫药物时应注意与治疗支原体病药物（如泰乐菌素、枝原净）等的药物配伍反应。

（1）用2.5%妥曲珠利（百球清、甲基三嗪酮）溶液混饮（25毫克/升）2天。说明：也可用0.2%、0.5%地克珠利（球佳杀、球灵、球必清）预混剂混饲（1 克 / 千克饲料），连用 3 天。注意：0.5% 地克珠利溶液，使用时现用现配，否则影响疗效。

（2）用 30% 磺胺氯吡嗪钠（三字球虫粉）可溶粉混饲（0.6 克 / 千克饲料）3 天，或混饮（0.3 克 / 升）3 天，休药期 5 天。说明：也可用 10% 磺胺喹沙啉（磺胺喹嗯啉钠）可溶性粉，治疗时常采用 0.1% 的高浓度，连用 3 天，停药 2 天后再用 3 天，预防时混饲（125 毫克 / 千克饲料）。磺胺二甲基嘧啶按 0.1% 混饮 2 天，或按 0.05% 混饮 4 天，休药期 10 天。

（3）20% 盐酸氨丙啉（安保乐、安普罗铵）可溶性粉混饲（125 ~ 250 毫克 / 千克饲料）3 ~ 5 天，或按混饮（60 ~ 240 毫克 / 升）5 ~ 7 天。说明：也可用鸡宝 -20（每千克含氨丙嘧吡啶 200 克，盐酸呋吗吡啶 200 克），治疗量混饮（60 克 /100 升水）5 ~ 7 天。预防量减半，连用 1 ~ 2 周。

（4）用 20% 尼卡巴嗪（力更生）预混剂肉禽混饲（125 毫克 / 千克饲料），连用 3 ~ 5 天。

（5）用 1% 马杜霉素铵预混剂混饲（肉鸡 5 毫克 / 千克饲料），连用 3 ~ 5 天。

（6）用 25% 氯羟吡啶（克球粉、可爱丹、氯吡醇）预混剂，混饲（125 毫克 / 千克饲料），连用 3 ~ 5 天。

（7）用 5% 盐霉素钠（优素精、沙里诺霉素）预混剂，混饲（60 毫克 / 千克饲料），连用 3 ~ 5 天。说明：也可用 10% 甲基盐霉素（那拉菌素）预混剂（禽安），混饲（60 ~ 80 毫克 / 千克饲料），连用 3 ~ 5 天。

（8）用 15% 或 45% 拉沙洛西钠（拉沙菌素、拉沙洛西）预混剂（球安），混饲（75 ~ 125 毫克 / 千克饲料），连用 3 ~ 5 天。

（9）用 5% 赛杜霉素钠（禽旺）预混剂，混饲（肉禽 25 克 / 千克饲料），连用 3 ~ 5 天。

（10）用 0.6% 氢溴酸常山酮（速丹）预混剂，混饲（3 毫克 / 千克饲料），连用 5 天。

此外，可用 25% 二硝托胺球痢灵、二硝苯甲酰胺）预混剂，治疗时混饲（250 毫克 / 千克饲料）。预防时混饲（125 毫克 / 千克饲料）；盐酸氯苯胍（罗本尼丁）片内服（10 ~ 15 毫克 / 千克体重），10% 盐酸氯苯胍预混剂混饲（30 ~ 60 毫克 / 千克）；乙氧酰胺苯甲酯混饲（4 ~ 8 克 / 千克饲料）。

5.2 绦虫病

是由赖利绦虫、戴文绦虫等寄生于鸡的肠道引起的一类寄生虫病。该病在我国的分布较广，特别是农村的散养鸡和鸡舍条件简陋的鸡场危害较严重。

1. 流行特点

各种年龄的鸡都能感染，以 17 ~ 40 日龄的鸡最易感，在饲养管理条件低劣的鸡场有利于本病的流行。若采用笼养或能隔绝含囊尾蚴的中间宿主蚂蚁、蜗牛和甲虫的舍养鸡群，则发病率较低。

2. 临床症状

由于绦虫的品种不同，感染鸡的症状也有差异。病鸡共同表现有可视黏膜苍白或黄染，精神沉郁，羽毛蓬乱，缩颈垂翅，采食减少，饮水增多，肠炎，腹泻，有时带血。病鸡消瘦、大小不一。有的绦虫产物能使鸡中毒，引起腿脚麻痹，头颈扭曲，进行性瘫痪（甚至劈叉）等症状；有些病鸡因瘦弱、衰竭而死亡。感染病鸡一般在下午 2 ~ 5 时左右排出绦虫节片。一般在感染初期（感染后 50 天左右）节片排出最多，以后逐渐减少。

3. 剖检病变

剖检病／死鸡可见机体消瘦，在小肠内发现大型绦虫的虫体，严重时可阻塞肠道，其它器官无明显的眼观变化，只绦虫节片似面条，乳白色，不透明，扁平，虫体可分为头节，颈与链体三部分。小型绦虫则要用放大镜仔细寻找，也可将剪开的肠管平铺于玻璃皿中，滴少许清水，看有无虫体浮起。

4. 类症鉴别

有些病鸡所表现的消瘦、腿脚麻痹，进行性瘫痪（劈叉）等症状与马立克氏病的症状相似，有些病鸡的头颈扭曲症状与鸡新城疫、细菌性脑炎、维生素 E 缺乏等病的症状相似，应注意区别。

5. 预防

请参考鸡蛔虫病预防部分的叙述。

6. 临床用药指南

用药期间应尽可能将鸡群圈养 4-5 天，并及时清除鸡群排出的粪便，将粪便堆积发酵，同时将粪便污染的场地进行彻底消毒，避免二次感染。

（1）丙硫苯咪唑：按 1 千克体重 15 ~ 25 毫克，一次内服。

（2）灭绦灵（氯硝柳胺）：按 1 千克体重 50 ~ 100 毫克，一次内服。

（3）硫双二氯酚（别丁）：按 1 千克体重 100 ~ 200 毫克，一次内服。

小鸡用量酌减。

（4）氢溴酸槟榔碱：按 1 千克体重 3 毫克一次内服；或配成 0.1% 水溶液饮服。

（5）吡喹酮：按 1 千克体重 10 ~ 20 毫克一次内服，对绦虫成虫及未成熟虫体有效。

第6章　家禽中毒病

6.1 食盐中毒

食盐是鸡体生命活动中不可缺少的成分，饲料中加入一定量食盐对增进食欲、增强消化机能、促进代谢、保持体液的正常酸碱度，增强体质等有十分重要的作用。若采食过量，可引起中毒。

1. 发病原因

（1）饲料配制工作中的计算失误，或混入时搅拌不匀；

（2）治疗啄癖时使用食盐疗法时，方法不当；

（3）利用含盐量高的鱼粉、农副产品或废弃物（剩菜剩饭）喂鸡时，未加限制，且未及时供给足量的清洁饮水。

2. 临床症状

鸡轻微中毒时，表现为口渴，饮水量增加，食欲减少，精神不振，粪便稀薄或稀水样，死亡较少。严重中毒时，病鸡精神沉郁，食欲不振或废绝，病鸡有强烈口渴表现，拼命喝水，直到死前还喝；口鼻流出黏性分泌物；嗉囊胀大，下泻粪便稀水样，肌肉震颤，两腿无力，行走困难或步态不稳（见图1-53），甚至完全瘫痪；有的还出现神经症状，惊厥，头颈弯曲，胸腹朝天，仰卧挣扎，呼吸困难，衰竭死亡。产蛋鸡中毒时，还表现产蛋量下降和停止。

3. 病理剖检变化

病/死鸡剖检时可见皮下组织水肿；口腔、嗉囊中充满黏性液体，黏膜脱落；食道、腺胃黏膜充血，出血，黏膜脱落或形成假膜；小肠发生急性卡他性肠炎或出血性肠炎，黏膜红肿、出血；心包积水，血液黏稠，心脏出血。腹水增多，肺水肿。脑膜血管扩张充血，小脑有明显的出血斑点。肾和输尿管尿酸盐沉积。

4. 预防

按照饲料配合标准，加入0.3% ~ 0.5%的食盐，严格饲料的加工程序，搅拌均匀。

5. 治疗

当有鸡出现中毒时，应立即停喂含食盐的饲料和饮水，改换新配饲料，供给鸡群足量清洁的饮水，轻度或中度中毒鸡可以恢复。严重中毒鸡群，要实行间断供水，防止饮水过多，使颅内压进一步提高（水中毒）。

6.2 黄曲霉毒素中毒

是鸡采食了被黄曲霉菌、毛霉菌、青霉菌侵染的饲料，尤其是由黄曲霉菌侵染后产生的黄曲霉毒素而引起的一种中毒病。黄曲霉毒素是黄曲霉菌的一种有毒的代谢产物，是危害很大的一种中毒病。对鸡和人类都有很强的毒性。临床上以急性或慢性肝中毒、全身性出血、腹水、消化机能障碍和神经症状为特征。

1. 临床症状

2 ~ 6周龄的雏鸡对黄曲霉毒素最敏感，很容易引起急性中毒。最急性中毒者，常没有明显症状而突然死亡。病程稍长的病鸡主要表现为精神不振，食欲减退，嗜睡，生长发育缓慢，消瘦，贫血，体弱，冠苍白，翅下垂，腹泻，粪便中混有血液，鸣叫，运动失调，甚至严重跛行，腿、脚部皮下可出现紫红色出血斑，死亡前常见有抽搐、角弓反张等神经症状，死亡率可达100%。青年鸡和成年鸡中毒后一般引起慢性中毒，表现为精神委顿，运动减少，食欲不佳，羽毛松乱，蛋鸡开产期推迟，产蛋量减少，蛋小，蛋的孵化率降低。中毒后期鸡有呼吸道症状，伸颈张口呼吸，少数病鸡有浆液性鼻液，最后卧地不起，昏睡，最终死亡。

2. 病理剖检变化

急性中毒死亡的雏鸡可见肝脏肿大，色泽变淡，呈黄白色，表面有出血斑点，胆囊扩张，肾脏苍白稍肿大。胸部皮下和肌肉常见出血。成年鸡慢性中毒时，剖检可见肝脏变黄，逐渐硬化，体积缩小，常分布白色点状或结节状病灶，心包和腹腔中常有积液，小腿皮下也常有出血点。有的鸡腺胃肿大。有的鸡胸腺萎缩。中毒时间在 1 年以上的，可形成肝癌结节。

3. 预防

根本措施是不喂霉变的饲料。平时要加强饲料的保管工作，注意干燥、通风，特别是温暖多雨的谷物收割季节更要注意防霉。饲料仓库若被黄曲霉菌污染，最好用福尔马林熏蒸或用过氧乙酸喷雾，才能杀灭霉菌孢子。凡被毒素污染的用具、鸡舍、地面，用2%次氯酸钠消毒。

4. 临床用药指南

目前尚无有效的解毒药物，发病后立即停喂霉变饲料，更换新料，可

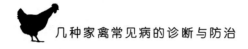

投服盐类泻剂，排除肠道内毒素，并采取对症治疗，如饮服葡萄糖水，增加多维素量等。

　　注意黄曲霉毒素不易被破坏，加热煮沸不能使毒素分解，所以中毒死鸡、排泄物等要销毁或深埋，坚决不能食用。粪便清扫干净，集中处理，防止二次污染饲料和饮水。

第 7 章　禽营养缺乏症和营养代谢病

7.1 维生素 A 缺乏症

维生素 A 缺乏症是由于日粮中维生素 A 供应不足或吸收障碍而引起的以鸡生长发育不良、器官黏膜损害、上皮角化不全、视觉障碍、产蛋率和孵化率下降、胚胎畸形等为特征的一种营养代谢性疾病。

1. 发病原因

日粮中缺乏维生素 A 或胡萝卜素（维生素 A 原）；饲料贮存、加工不当，导致维生素 A 缺乏；日粮中蛋白质和脂肪不足，导致鸡发生功能性维生素 A 缺乏症；需要量增加，许多学者认为鸡维生素 A 的实际需要量应高于 NRC 标准。此外，胃肠吸收障碍，发生腹泻或其它疾病，使维生素 A 消耗或损失过多；肝病使其不能利用及储存维生素 A，均可引起维生素 A 缺乏。

2. 临床症状

雏鸡和初产蛋鸡易发生维生素 A 缺乏症。鸡一般发生在 6 ~ 7 周龄。若 1 周龄的苗鸡发病，则与种鸡缺乏维生素 A 有关。成年鸡通常在 2 ~ 5 个月内出现症状。

雏鸡主要表现精神萎顿，衰弱，运动失调，羽毛松乱，生长缓慢，消瘦。流泪，眼睑内有干酪样物质积聚，常将上下眼睑粘在一起（见图 1-35），角膜混浊不透明，严重的角膜软化或穿孔，失明。喙和小腿部皮肤的黄色消退，趾关节肿胀，脚垫粗糙、增厚（见图 1-36）。有些病鸡受到外界刺激即可引起阵发性的神经症状，作圆圈式扭头并后退和惊叫，病鸡在发作的间隙期尚能采食。成年鸡发病呈慢性经过，主要表现为食欲不佳，羽毛松乱，消瘦，爪、喙色淡，冠白有皱褶，趾爪粗糙，两肢无力，步态不稳，往往用尾支地。母鸡产蛋量和孵化率降低，血斑蛋增加。公鸡性机能降低，精液品质下降。病鸡的呼吸道和消化道黏膜受损，易感染多种病原微生物，使死亡率增加。

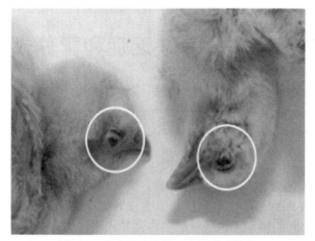

图7-1　病鸡眼睑肿胀，上下眼睑粘连

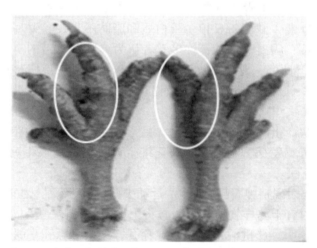

图7-2　病鸡腿部鳞片褪色，趾关节肿胀，脚垫粗糙、增厚

3. 病理剖检变化

病 / 死鸡口腔、咽喉和食道黏膜过度角化，有时从食道上端直至嗉囊入口有散在粟粒大白色结节或脓疱，或覆盖一层白色的豆腐渣样的薄膜。呼吸道黏膜被一层鳞状角化上皮代替，鼻腔内充满水样分泌物，液体流入副鼻窦后，导致一侧或两侧颜面肿胀，泪管阻塞或眼球受压，视神经损伤，严重病例角膜穿孔。肾呈灰白色，肾小管和输尿管充塞着白色尿酸盐沉积物，心包、肝和脾表面有时可见尿酸盐沉积。

4. 类症鉴别

本病出现的呼吸道症状与鸡传染性鼻炎、传染性喉气管炎等病的症状类似，应注意区别；本病出现的产蛋率、孵化率下降和胚胎畸形等临床症状与鸡产蛋下降综合征、低致病性禽流感、鸡传染性支气管炎等病的症状类似，应注意鉴别；本病出现的眼及面部肿胀症状与鸡传染性鼻炎、眼型大肠杆菌、氨气眼部灼伤等病类似，应注意鉴别；本病出现的"花斑肾"病变与鸡传染性法氏囊病、鸡肾型传染性支气管炎、鸡痛风等病的病变类似，应注意鉴别；鸡食道黏膜覆盖的白色豆腐渣样薄膜，与鸡黏膜型鸡痘的病变类似，应注意鉴别。

5. 预防

防止本病的发生，须从日粮的配制、保管、贮存等多方面采取措施。

（1）优化饲料配方，供给全价日粮。鸡因消化道内微生物少，大多数维生素在体内不能合成，必须从饲料中摄取。因此要根据鸡的生长与产蛋不同阶段的营养要求特点，添加足量的维生素 A，以保证其生理、产蛋、抗应激和抗病的需要。调节维生素、蛋白质和能量水平，以保证维生素 A 的吸收和利用。如硒和维生素 E，可以防止维生素 A 遭氧化破坏，蛋白质和脂肪能有利于维生素 A 的吸收和贮存，如果这些物质缺乏，即使日粮中有足够的维生素 A，也可能发生维生素 A 缺乏症。

（2）饲料最好现配现喂，不宜长期保存。由于维生素 A 或胡萝卜素存在于油脂中而易被氧化，因此饲料放置时间过长或预先将脂式维生素 A 掺入到饲料中，尤其是在大量不饱和脂肪酸的环境中更易被氧化。鸡易吸收黄色及橙黄色的类胡萝卜素，所以黄色玉米和绿叶粉等富含类胡萝卜素的饲料可以增加蛋黄和皮肤的色泽，但这些色素随着饲料的贮存过长也易被破坏。此外，贮存饲料的仓库应阴凉、干燥、防止饲料发生酸败、霉变、发酵、发热等，以免维生素 A 被破坏。

（3）完善饲喂制度。饲喂时，应勤添少加，饲槽内不应留有剩料，以防维生素 A 或胡萝卜素被氧化失效。必要时，平时可以补充饲喂一些含维生素 A 或维生 A 原丰富的饲料，如牛奶、肝粉、胡萝卜、菠菜、南瓜、黄玉米、苜蓿等。

（4）加强胃肠道疾病的防控。保证鸡的肠胃、肝脏功能正常，以利于维生素 A 的吸收和贮存。

（5）加强种鸡维生素 A 的监测。选用维生素 A 检测合格的种鸡所产的种蛋进行孵化，以防雏鸡发生先天性维生素 A 缺乏。

6. 临床用药指南

消除致病病因，立即对病鸡/鸡群用维生素A治疗，剂量为日维持需要量的10～20倍。

（1）使用维生素 A 制剂：可投服鱼肝油，每只鸡每天喂 1 ~ 2 mL，雏鸡则酌情减少。对发病鸡所在的鸡群，在每千克饲料中拌入 2000 ~ 5000 IU 的维生素 A，或在每千克配合饲料中添加精制鱼肝油 15 mL，连用 10 ~ 15 d。或补充含有抗氧化剂的高含量维生素 A 的食用油，日粮约补充维生素 A 11000 IU/kg。对于病重的鸡应口服鱼肝油丸（成年鸡每天可口服 1 粒）或滴服鱼肝油数滴，也可肌肉注射维生素 AD 注射液，每只 0.2 mL。其眼部病变可用 2% ~ 3% 的硼酸溶液进行清洗，并涂以抗生素软膏。在短期内给予大剂量的维生素 A，对急性病例疗效迅速而安全，但慢性病例不可能完全康复。由于维生素 A 不易从机体内迅速排出，因此，必须注意防止长期过量使用引起维生素 A 中毒。

（2）其它疗法：用羊肝拌料，取鲜羊肝 0.3 ~ 0.5 kg 切碎，沸水烫至变色，然后连汤加肝一起拌于 10 kg 饲料中，连续喂鸡 1 周，此法主要适用于雏鸡。或取苍术末，按每次每只鸡 1 ~ 2 g，1 天 2 次，连用数天。

7.2 维生素 B_1 缺乏症

维生素 B_1 是由一个嘧啶环和一个噻唑环结合而成的化合物，因分子中含有硫和氨基，故又称硫胺素（Thiamine）。因维生素 B_1 缺乏而引起鸡碳水化合物代谢障碍及神经系统的病变为主要临床特征的疾病，称为维生素 B_1 缺乏症。

1. 发病原因

大多数常用饲料中硫胺素均很丰富，特别是禾谷类籽实的加工副产品糠麸以及饲用酵母中每千克含量可达 7 ~ 16 mg。植物性蛋白质饲料每千克约含 3 ~ 9 mg。所以家禽实际应用的日粮中都含有充足的硫胺素，无须补充。然而，鸡仍有硫胺素缺乏症发生，其主要病因是由于日粮中硫胺素遭受破坏（如饲粮被蒸煮加热、碱化处理）所致。此外，日粮中含有硫胺素拮抗物质而使硫胺素缺乏，如日粮中含有蕨类植物，球虫抑制剂氨丙啉，某些植物、真菌、细菌产生的拮抗物质，均可能使硫胺素缺乏而致病。

2. 临床症状

雏鸡对硫胺素缺乏十分敏感，饲喂缺乏硫胺素的饲粮后约经 10 天即可出现多发性神经炎症状。病鸡表现为突然发病，鸡蹲坐在其屈曲的腿上，头缩向后方呈现特征性的"观星"姿势。由于腿麻痹不能站立和行走，病鸡以跗关节和尾部着地，坐在地面或倒地侧卧，严重时会突然倒地，抽搐死亡。

成年鸡硫胺素缺乏约3周后才出现临床症状。病初食欲减退，生长缓慢，羽毛松乱无光泽，腿软无力和步态不稳。鸡冠常呈蓝紫色。以后神经症状逐渐明显，开始是脚趾的屈肌麻痹，随后向上发展，其腿、翅膀和颈部的伸肌明显地出现麻痹。有些病鸡出现贫血和腹泻。体温下降至35.5 ℃。呼吸率呈进行性减少。衰竭死亡。种蛋孵化率降低，死胚增加，有的因无力破壳而死亡。

图7-3　鸡维生素B₁缺乏时的临床表现（病鸡以跗关节和尾部着地）。

3. 病理剖检变化

病/死雏鸡的皮肤呈广泛水肿，其水肿的程度决定于肾上腺的肥大程度。肾上腺肥大，雌鸡比雄鸡的更为明显，肾上腺皮质部的肥大比髓质部更大一些。心脏轻度萎缩，右心可能扩大，肝脏呈淡黄色，胆囊肿大。肉眼可观察到胃和肠壁的萎缩，而十二指肠的肠腺（里贝昆氏腺）却扩张。

4. 类症鉴别

本病出现的"观星"等神经系统症状与鸡新城疫、禽脑脊髓炎、维生素 E 缺乏症等出现的症状类似。

5. 预防

饲养标准规定每千克饲料中维生素B₁含量为：肉用仔鸡和0～6周龄的育成蛋鸡1.8mg，7～20周龄鸡1.3mg，产蛋鸡和母鸡0.8mg，注意按标准饲料搭配和合理调制，就可以防止维生素B₁缺乏症。注意日粮配合，添加富含维生素B₁的糠麸、青绿饲料或添加维生素B₁。对种鸡要监测血液中丙酮酸的含量，以免影响种蛋的孵化率。某些药物（抗生素、磺胺药、球虫药等）是维生素 B_1 的拮抗剂，不宜长期使用，若用药应加大维生素 B_1 的用量。天气炎热，因需求量高，注意额外补充维生素 B_1。

6. 临床用药指南

发病严重者，可给病鸡口服维生素 B_1，在数小时后即可见到疗效。由于维生素 B1 缺乏可引起极度的厌食，因此在急性缺乏尚未痊愈之前，在饲料中添加维生素 B1 的治疗方法是不可靠的，所以要先口服维生素 B_1，然后再在饲料中添加，雏鸡的口服量为每只每天 1 mg，成年鸡每只内服量为每千克体重 2.5 mg。对神经症状明显的病鸡应肌肉或皮下注射维生素 B_1 注射液，雏鸡每次 1 mg，成年鸡每次 5 mg，每天 1 ~ 2 次，连用 3 ~ 5 d。此外，还可取大活络丹 1 粒，分 4 次投服，每天 1 次，连用 14 d。

7.3 维生素 B_2 缺乏症

维生素 B_2 是由核醇与二甲基异咯嗪结合构成的，由于异咯嗪是一种黄色色素，故又称之为核黄素（Riboflavin）。维生素 B_2 缺乏症是由于饲料中维生素 B_2 缺乏或被破坏引起鸡机体内黄素酶形成减少，导致物质代谢性障碍，临床上以足趾向内蜷曲、飞节着地、两腿发生瘫痪为特征的一种营养代谢病。

1. 发病原因

常用的禾谷类饲料中维生素 B2 特别贫乏，每千克不足 2 mg。所以，肠道比较缺乏微生物的鸡，又以禾谷类饲料为食，若不注意添加维生素 B_2 易发生缺乏症。核黄素易被紫外线、碱及重金属破坏；另外还要注意，饲喂高脂肪、低蛋白日粮时核黄素需要量增加；种鸡比非种用蛋鸡的需要量需提高 1 倍；低温时供给量应增加；患有胃肠病的，影响核黄素转化和吸收。这些因素都可能引起维生素 B_2 缺乏。

2. 临床症状

雏鸡喂饲缺乏维生素 B_2 日粮后，多在 1 ~ 2 周龄发生腹泻，食欲尚良好，但生长缓慢，逐渐变得衰弱消瘦。其特征性的症状是足趾向内蜷曲，以跗/趾关节着地行走（图 1-46），强行驱赶则以跗关节支撑并在翅膀的帮助下走动，两腿发生瘫痪（图 1-47），腿部肌肉萎缩和松弛，皮肤干而粗糙。缺乏症的后期，病雏不能运动，只是伸腿俯卧，多因吃不到食物而饿死。

育成鸡病至后期，腿躺开而卧，瘫痪。母鸡的产蛋量下降，蛋白稀薄，种鸡则产蛋率、受精率、孵化率下降。种母鸡日粮中核黄素的含量低，其所产的蛋和出壳雏鸡的核黄素含量也低，而核黄素是胚胎正常发育和孵化所必需的物质，孵化种蛋内的核黄素用完，鸡胚就会死亡（入孵第 2 周死亡率高）。死胚呈现皮肤结节状绒毛，颈部弯曲，躯体短小，关节变形，水肿、贫血和肾脏变性等病理变化。有时也能孵出雏，但多数带有先天性麻痹症状，体小、浮肿。

图7-4 病雏脚趾向内蜷曲，以跗/趾关节着地行走

图7-5 病雏脚趾向内蜷曲，瘫痪、行走困难

3. 病理剖检变化

病/死雏鸡胃肠道黏膜萎缩，肠壁薄，肠内充满泡沫状内容物（图1-48）。病/死的产蛋鸡皆有肝脏增大和脂肪量增多；有些病例有胸腺充血和成熟前期萎缩；病/死成年鸡的坐骨神经和臂神经显著肿大和变软，尤其是坐骨神经的变化更为显著，其直径比正常大 4 ～ 5 倍。

4. 类症鉴别

本病出现的趾爪蜷曲、两腿瘫痪等症状与禽脑脊髓炎、维生素 E- 硒缺乏症、马立克氏病等出现的症状类似。

5. 预防

饲喂的日粮必须能满足鸡生长、发育和正常代谢对维生素B2的需要。0～7周龄的雏鸡，每千克饲料中维生素B$_2$含量不能低于3.6mg；8～18周龄时，不能低于1.8 mg；种鸡不能低于3.8 mg；产蛋鸡不能低于2.2mg。配制全价日粮，应遵循多样化原则，选择谷类、酵母、新鲜青绿饲料和苜蓿、干草粉等富含维生素B$_2$的原料，或在每吨饲料中添加2～3g核黄素，对预防本病的发生有较好的作用。 维生素B$_2$在碱性环境以及曝露于可见光特别是紫外光中，容易分解变质，混合料中的碱性药物或添加剂也会破坏维生素B2，因此，饲料贮存时间不宜过长。防止鸡群因胃肠道疾病（如腹泻等）或其它疾病影响对维生素B2的吸收而诱发本病。

6. 临床用药指南

雏鸡按每只1～2 mg，成年鸡按每只5～10 mg口服维生素B$_2$片或肌注维生素B$_2$注射液，连用2～3 d。或在每千克饲料中加入维生素B$_2$ 20 mg治疗1～2周，即可见效。但对趾爪蜷曲、腿部肌肉萎缩、卧地不起的重症病例疗效不佳，应将其及时淘汰。此外，可取山苦荬（别名七托莲、小苦麦菜、苦菜、黄鼠草、小苦苣、活血草、隐血丹），按10%（预防按5%）的比例在饲料中添喂，每天3次，连喂30 d。

7.4 维生素 D 缺乏症

维生素 D 的主要功能是诱导钙结合蛋白的合成和调控肠道对钙的吸收以及血液对钙的转运。维生素 D 缺乏可降低雏鸡骨钙沉积而出现佝偻病、成鸡骨钙流失而出现软骨病。临床上以骨骼、喙和蛋壳形成受阻为特征。

1. 发病原因

日粮中维生素 D 缺乏，在生产实践中要根据实际情况灵活掌握维生素 D 用量，如果日粮中有效磷少则维生素 D 需要量就多，钙和有效磷的比例以2∶1为宜；日光照射不足，在鸡皮肤表面及食物中含有维生素 D 原经紫外线照射转变为维生素 D，因其具有抗佝偻病作用，故又称为抗佝偻病维生素；消化吸收功能障碍等因素影响脂溶性维生素 D 的吸收；患有肾、肝疾病，维生素 D$_3$ 羟化作用受到影响而易发病。

2. 临床症状

雏鸡通常在 2 ~ 3 周龄时出现明显的症状，最早可在 10 ~ 11 日龄发病。病鸡生长发育受阻，羽毛生长不良，喙柔软易变形，跖骨易弯曲成弓形。腿部衰弱无力，行走时步态不稳，躯体向两边摇摆，站立困难，不稳定地移行几步后即以跗关节着地伏下。

产蛋鸡往往在缺乏维生素 D 2 ~ 3 个月后才开始出现症状。表现为产薄壳蛋和软壳蛋的数量显著增多，蛋壳强度下降、易碎。随后产蛋量明显减少。产蛋量和蛋壳的硬度下降一个时期之后，接着会有一个相对正常时期，可能循环反复，形成几个周期。有的产蛋鸡可能出现暂时性的不能走动，常在产一个无壳蛋之后即能复原。病重母鸡表现出象"企鹅状"蹲伏的特殊姿势，以后鸡的喙、爪和龙骨渐变软，胸骨常弯曲。胸骨与脊椎骨接合部向内凹陷，产生肋骨沿胸廓呈内向弧形的特征。种蛋孵化率降低，胚胎多在孵化后 10 ~ 17 日龄之间死亡。

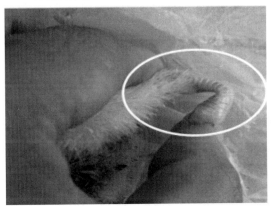

图7-6 病雏跖骨弯曲成弓形

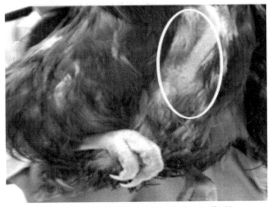

图7-7 产蛋母鸡胸骨弯曲成"S"状

3. 病理剖检变化

病/死雏鸡，其最特征的病理变化是龙骨呈"S"状弯曲，肋骨与肋软骨、肋骨与椎骨连接处出现串珠状。在胫骨或股骨的骨骺部可见钙化不良。

成年产蛋/种鸡死于维生素D缺乏症时，其尸体剖检所见的特征性病变局限于骨骼和甲状旁腺。骨骼软而容易折断。腿骨组织切片呈现缺钙和骨样组织增生现象。胫骨用硝酸银染色，可显示出胫骨的骨骺有未钙化区。

4. 类症鉴别

本病出现的运动障碍与钙、磷不足，钙、磷比例失调，锰缺乏症等出现的症状类似。

5. 预防

改善饲养管理条件，补充维生素D；将病鸡置于光线充足、通风良好的鸡舍内；合理调配日粮，注意日粮中钙、磷比例，喂给含有充足维生素D的混合饲料。此外，还需加强饲养管理，尽可能让病鸡多晒太阳，笼养鸡还可在鸡舍内用紫外线进行照射。

6. 临床用药指南

首先应找出病因，针对病因采取有效措施。雏鸡佝偻病可一次性大剂量喂给维生素D₃ 1.5万~2.0万IU，或一次性肌肉注射维生素D₃ 1万IU，或滴服鱼肝油数滴，每天3次，或用维丁胶性钙注射液肌肉注射0.2mL，同时配合使用钙片，连用7d左右。发病鸡群除在其日粮中增加富含维生素D的饲料（如苜蓿等）外，还应在每千克饲料中添加鱼肝油10~20mL。但在临床实践中，应根据维生素D缺乏的程度补充适宜的剂量，以防止添加剂量过大而引起鸡维生素D中毒。

7.5 鸡脂肪肝综合征

是产蛋鸡的一种营养代谢病，临床上以过度肥胖和产蛋下降为特征。该病多出现在产蛋高的鸡群或鸡群的产蛋高峰期，病鸡体况良好，其肝脏、腹腔及皮下有大量的脂肪蓄积，常伴有肝脏小血管出血，故其又称为脂肪肝出血综合征（Fatty Liver Hemorrhagic Syndrome, FLHS）。该病发病突然，病死率高，给蛋鸡养殖业造成了较大的经济损失。

1. 发病原因

导致鸡发生脂肪肝综合征的因素包括：遗传、营养、环境与管理、激素、有毒物质等，除此之外，促进性成熟的高水平雌激素也可能是该病的诱因。

（1）遗传因素，为提高产蛋性能而进行的遗传选择是脂肪肝综合征的诱因之一，重型鸡及肥胖鸡多发，有的鸡群发病率较高，可高达31.4%～37.8%。

（2）营养因素，过量的能量摄入是造成鸡脂肪肝综合征的主要原因之一，笼养自由采食可诱发鸡脂肪肝综合征；高能量蛋白比的日粮可诱发此病，饲喂能蛋比为66.94的日粮，产蛋鸡脂肪肝综合征的发生率可达30%，而饲喂能蛋比为60.92的日粮，其鸡脂肪肝综合征发生率为0%；饲喂以玉米为基础的日粮，产蛋鸡亚临床脂肪肝综合征的发病率高于以小麦、黑麦、燕麦或大麦为基础的日粮；低钙日粮可使肝脏的出血程度增加，体重和肝重增加，产蛋量减少；与能量、蛋白、脂肪水平相同的玉米鱼粉日粮相比，采食玉米 -- 大豆日粮的产蛋鸡，其鸡脂肪肝综合征的发生率较高；抗脂肪肝物质的缺乏可导致肝脏脂肪变性，VitC、VitE、B- 族维生素、Zn、Se、Cu、Fe、Mn 等影响自由基和抗氧化机制的平衡，上述维生素及微量元素的缺乏都可能和鸡脂肪肝综合征的发生有关。

（3）环境与管理因素，从冬季到夏季的环境温度波动，可能会引起能量采食的错误调节，进而也造成鸡脂肪肝综合征，而炎热季节发生鸡脂肪肝综合征可能和脂肪沉积量较高有关；笼养是鸡脂肪肝综合征的一个重要诱发因素，因为笼养限制了鸡的运动，活动量减少，过多的能量转化成脂肪；任何形式（营养、管理和疾病）的应激都可能是鸡脂肪肝综合征的诱因。

（4）有毒物质，黄曲霉毒素也是蛋鸡产生鸡脂肪肝综合征的基本因素之一，而菜籽饼中的硫葡萄苷是造成出血的主要原因。5）激素，肝脏脂肪变性的产蛋鸡，其血浆的雌二醇浓度较高，这说明激素 - 能量的相互关系可引起鸡脂肪肝综合征。

2. 临床症状

当病鸡肥胖超过正常体重的25%，在下腹部可以摸到厚实的脂肪组织，其产蛋率波动较大，可从高产蛋率的75%～85%突然下降到35%～55%，甚至仅为10%。病鸡冠及肉髯色淡，或发绀，继而变黄、萎缩，精神萎顿，多伏卧，很少运动。有些病鸡食欲下降，鸡冠变白，体温正常，粪便呈黄绿色，水样。当拥挤、驱赶、捕捉或抓提方法不当时，引起强烈挣扎，往往突然发病，病鸡表现为喜卧，腹大而软绵下垂，鸡冠肉髯褪色乃至苍白。重症病鸡嗜眠、瘫痪，体温41.5 ℃～42.8 ℃，进而鸡冠、肉髯及脚变冷，可在数小时内死亡。

3. 病理剖检变化

病 / 死鸡剖检见皮下、腹腔及肠系膜均有多量的脂肪沉积；肝脏肿大，边缘钝圆，呈黄色油腻状，表面有出血点和白色坏死灶，质地脆（见图3-84）。

有的病鸡由于肝破裂而发生腹腔积血（见图3-85），肝脏有血凝块（见图3-86）或陈旧的出血灶（见图3-87），肝脏易碎如泥样（见图3-88），用刀切时，在切的表面上有脂肪滴附着。腹腔内、内脏周围、肠系膜上有大量的脂肪。有的鸡心肌变性呈黄白色。有些鸡的肾略变黄，脾、心、肠道有程度不同的小出血点。当死亡鸡处于产蛋高峰状态，输卵管中常有正在发育的蛋。

图7-8　病鸡腹腔有多量的脂肪沉积，肝脏呈土黄色

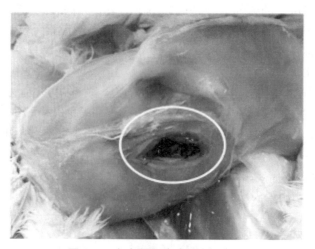

图7-9　病鸡因肝脏破裂腹腔积血

图7-10　病鸡肝脏破裂，肝被膜下有血凝块

4. 类症鉴别

本病出现的鸡冠肉髯褪色苍白症状与鸡传染性贫血、住白细胞虫病、磺胺药物中毒、球虫病、维生素 B12 缺乏症等类似，也应注意鉴别。

（1）与鸡传染性贫血的鉴别诊断。先天性感染的雏鸡在10日龄左右发病，表现症状且死亡率上升。雏鸡若在20日龄左右发病，表现症状并有死亡，可能是水平传播所致。贫血是该病的特征性变化，病鸡感染后14～16天贫血最严重。病鸡衰弱，消瘦，瘫痪，翅、腿、趾部出血或肿胀，一旦碰破，则流血不止。剖检时可发现血液稀薄，血凝时间延长，骨髓萎缩，常见股骨骨髓呈脂肪色、淡黄色或淡红色。而脂肪肝综合征发病和死亡的鸡都是母鸡，剖检见体腔内有大量血凝块，并部分地包着肝脏，肝脏明显肿大，色泽变黄，质脆弱易碎，有油腻感，这些易于鸡传染性贫血区别。

（2）与鸡球虫病的鉴别诊断。球虫病表现的可视黏膜苍白等贫血症状与鸡脂肪肝综合征有相似之处，但很容易鉴别，球虫病剖检症状很典型，即受侵害的肠段外观显著肿大，肠壁上有灰白色坏死灶或肠道内充满大量血液或血凝块。

（3）与住白细胞虫病的鉴别诊断。住白细胞虫病表现的鸡冠苍白、血液稀薄、骨髓变黄等症状与鸡脂肪肝综合征有相似之处，鉴别要点是，一是住白细胞虫病剖检时还可见内脏器官广泛性出血，在胸肌、腿肌、心、肝等多种组织器官有白色小结节。二是住白细胞虫病在我国的福建、广东等地呈地方性流行，每年的 4～10 月份发病多见，有明显的季节性。

（4）与磺胺类药物中毒的鉴别诊断。磺胺类药物中毒除表现贫血症状外，初期鸡群还表现兴奋，后期精神沉郁，鸡群有大剂量或长期使用磺胺类药物的病史。这些易于鸡脂肪肝综合征区别。

5. 预防

（1）坚持育成期的限制饲喂。育成期的限制饲喂至关重要，一方面，它可以保证蛋鸡体成熟与性成熟的协调一致，充分发挥鸡只的产蛋性能；另一方面它可以防止鸡只过度采食，导致脂肪沉积过多，从而影响鸡只日后的产蛋性能。因此，对体重达到或超过同日龄同品种标准体重的育成鸡，采取限制饲喂是非常必要的。

（2）严格控制产蛋鸡的营养水平，供给营养全面的全价饲料。处于生产期的蛋鸡，代谢活动非常旺盛。在饲养过程中，既要保证充分的营养，满足蛋鸡生产和维持的各方面的需要，同时又要避免营养的不平衡（如高能低蛋白）和缺乏（如饲料中蛋氨酸、胆碱、维生素 E 等的不足），一定要做到营养合理与全面。

6. 临床用药指南

当确诊鸡群患有脂肪肝出血性综合征时，应及时找出病因进行针对性治疗。重症病鸡无治疗价值，应及时淘汰。通常可采取以下几种措施。

（1）平衡饲料营养。尤其注意饲料中能量是否过高，如果是，则可降低饲料中玉米的含量，改用麦麸代替。另有报道说，如果在饲料中增加一些富含亚油酸的植物油而减少碳水化合物的含量，则可降低脂肪肝出血性综合征的发病率。日本学者提出，饲料中代谢能与蛋白质的比值（ME/P）是由于温度和产蛋率的不同而不同的，温暖时代谢能与蛋白质减少 10%，低温时应增加 10%。

（2）补充"抗脂肪肝因子"。主要是针对病情轻和刚发病的鸡群。在每千克日粮中补加胆碱 22 ～ 110 mg，治疗 1 周有一定帮助。澳大利亚研究者曾推荐补加维生素 B12、维生素 E 和胆碱。在美国曾有研究者报道，在每吨日粮中补加氯化胆碱 1000 g、维生素 E 10000 国际单位、维生素 B12 12 mg 和肌醇 900 g，连续饲喂；或每只鸡喂服氯化胆碱 0.1 ～ 0.2 g，连服 10 d。

（3）调整饲养管理。适当限制饲料的喂量，使体重适当，鸡群产蛋高峰前限量要小，高峰后限量可相应增大，小型鸡种可在 120 日龄后开始限喂，一般限喂 8% ～ 12%。

7.6 家禽痛风

又称鸡肾功能衰竭症、尿酸盐沉积症或尿石症。是指由多种原因引起的血液中蓄积过量尿酸盐不能被迅速排出体外而引起的高尿酸血症。其病理特怔为血液尿酸水平增高，尿酸盐在关节囊、关节软骨、内脏、肾小管及输尿管和其它间质组织中沉积。临床上可分为内脏型痛风和关节型痛风。主要临床表现为厌食、衰竭、腹泻、腿翅关节肿胀、运动迟缓、产蛋率下降和死亡率上升。近年来本病发生有增多趋势，已成为常见鸡病之一。

1. 发病原因

引起痛风的原因较为复杂，归纳起来可分为两类，一是体内尿酸生成过多，二是机体尿酸排泄障碍，后者可能是尿酸盐沉着症中的主要原因。

（1）引起尿酸生成过多的因素有：①大量饲喂富含核蛋白和嘌呤碱的蛋白质饲料。如大豆、豌豆、鱼粉、动物内脏等。②当鸡极度饥饿又得不到能量补充或患有重度消耗性疾病（如淋巴白血病）。

（2）引起尿酸排泄障碍的因素：①传染性因素：凡具有嗜肾性，能引起肾机能损伤的病原微生物，如腺病毒，败血性霉形体、沙门氏菌、组织滴虫等可引起肾炎、肾损伤造成尿酸盐的排泄受阻。②非传染性因素：a.营养性因素：如日粮中长期缺乏维生素A；饲料中含钙太多，含磷不足，或钙、磷比例失调引起钙异位沉着；食盐过多，饮水不足。b.中毒性因素包括嗜肾性化学毒物、药物和毒菌毒素。如饲料中某些重金属如汞、铅等蓄积在肾脏内引起肾病；草酸含量过多的饲料，因饲料中草酸盐可堵塞肾小管或损伤肾小管；磺胺类药物中毒，引起肾损害和结晶的沉淀；霉菌毒素可直接损伤肾脏，引起肾机能障碍并导致痛风。此外，饲养在潮湿和阴暗的场所、运动不足、年老、纯系育种、受凉、孵化时湿度太大等因素皆可能成为促进本病发生的诱因。

2. 临床症状

本病多呈慢性经过，其一般症状为病禽食欲减退，逐渐消瘦，冠苍白，不自主地排出白色石灰水样稀粪，含有多量的尿酸盐。成年禽产蛋量减少或停止。临床上可分为内脏型痛风和关节型痛风。

（1）内脏型痛风。比较多见，但临床上通常不易被发现。病禽多为慢性经过，表现为食欲下降、鸡冠泛白、贫血、脱羽、生长缓慢、粪便呈白色石灰水样，泄殖腔周围的羽毛常被污染。多因肾功能衰竭，呈现零星或成批的死亡。注意该型痛风因原发性致病原因不同，其原发性症状也不一样。

（2）关节型痛风。多在趾前关节、趾关节发病，也可侵害腕前、腕及肘关节。关节肿胀，起初软而痛，界限多不明显，以后肿胀部逐渐变硬，微痛，形成不能移动或稍能移动的结节，结节有豌豆大或蚕豆大小。病程稍久，结节软化或破裂，排出灰黄色干酪样物。局部形成出血性溃疡。病禽往往呈蹲坐或独肢站立姿势，行动迟缓，跛行。

3. 病理剖检变化

（1）内脏型痛风。病死鸡剖检见尸体消瘦，肌肉呈紫红色，各脏器发生粘连，皮下、大腿内侧有白色石灰粉样沉积的尿酸盐，特别是在心包腔内、胸腹腔、肝、脾、腺胃、肌胃、胰脏、肠管和肠系膜等内脏器官的浆膜表面覆盖一层石灰样粉末或薄片状的尿酸盐；有的胸骨内壁有灰白色的尿酸盐沉积肾肿大，色淡，有白色花纹（俗称花斑肾），输尿管变粗，如同筷子粗细，内有尿酸盐沉积，有的输尿管内有硬如石头样的白色条状物（结石），此为尿酸盐结晶。有些病例还并发有关节型痛风。

（2）关节型痛风。切开病死鸡肿胀的关节，可流出浓厚、白色粘稠的液体，滑液含有大量由尿酸、尿酸铵、尿酸钙形成的结晶，沉着物常常形成一种所谓"痛风石"。有的病例见关节面及关节软骨组织发生溃烂、坏死。

4. 类症鉴别

本病出现的肾脏肿大、内脏器官尿酸盐沉积与磺胺类药物中毒、肾型传染性支气管炎、鸡传染性法氏囊病类似，应注意区别诊断。本病出现的关节肿大、变型、跛行与病毒性关节炎，传染性滑膜炎，葡萄球菌病、大肠杆菌病、沙门氏菌病等引起的关节炎，多种矿物质、维生素缺乏症的症状类似。

与肾脏肿大、内脏器官尿酸盐沉积疾病的鉴别诊断

（1）与磺胺类药物中毒的鉴别诊断。磺胺类药物中毒表现的肌肉出血和肾脏肿大苍白与鸡痛风的表现相似，鉴别要点是，一是精神状态不同，磺胺类药物中毒初期鸡群表现兴奋，后期精神沉郁，而鸡痛风早期一般无明显的临床表现，后期表现为精神不振。二是用药史的不同，磺胺类药物中毒鸡群有大剂量或长期使用磺胺类药物的病史。

（2）与传染性法氏囊病的鉴别诊断。传染性法氏囊病病鸡表现的肾脏尿酸盐沉积与鸡痛风的表现相似，鉴别要点是，一是尿酸盐沉积位置的不同，传染性法氏囊病鸡仅在肾脏和输尿管有尿酸盐沉积，而痛风病鸡除肾脏和输尿管外，还可能在内脏的浆膜面、肌肉间、关节内有尿酸盐沉积。二是病程不同，传染性法氏囊病病程在 7 ～ 10 天左右，而痛风病程持续很长。三是发病日龄不同，传染性法氏囊病多发生于 3 ～ 8 周龄的鸡，而痛风往往发生于日龄较大的鸡，以蛋鸡或后备蛋鸡多见。

（3）与肾型传染性支气管炎的鉴别诊断。肾型传染性支气管炎病鸡表现的肾脏尿酸盐沉积与鸡痛风的表现相似，鉴别要点是，一是临诊表现不同，传染性支气管炎病鸡表现呼吸道症状，而鸡痛风没有。二是剖检病变不同，传染性支气管炎病鸡表现鼻腔、鼻窦、气管和支气管的卡他性炎，而鸡痛风无此病变。

5.预防

加强饲养管理，合理配料，保证饲料的质量和营养的全价，防止营养失调，保持鸡群健康。自配饲料时应当按不同品种、不同发育阶段、不同季节的饲养标准规定设计配方，配制营养合理的饲料。饲料中钙、磷比例要适当，钙的含量不可过高，通常在开产前两周到产蛋率达 5% 以前的开产阶段，钙的水平可以提高到 2%，产蛋率达 5% 以后再提至相应的水平。另外饲料配方中蛋白含量不可过高（在 20% 以下），以免造成肾脏损害和形成尿结石；防止过量添加鱼粉等动物性蛋白饲料，供给充足新鲜的青料和饮水，适当增加维生素 A、D 的含量。具体可采取以下措施：

（1）添加酸制剂。因代谢性碱中毒是鸡痛风病重要的诱发因素，因此日粮中添加一些酸制剂可降低此病的发病率。在未成熟仔鸡日粮中添加高水平的蛋氨酸（0.3% ~ 0.6%）对肾脏有保护作用。日粮中添加一定量的硫酸铵（5.3 g/kg）和氯化铵（10 g/kg）可降低尿的 pH 值，尿结石可溶解在尿酸中成为尿酸盐而排出体外，减少尿结石的发病率。

（2）日粮中钙、磷和粗蛋白的允许量应该满足需要量但不能超过需要量 。建议另外添加少量钾盐，或更少的钠盐。钙应以粗粒而不是粉末的形式添加，因为粉末状钙易使鸡患高血钙症，而大粒钙能缓慢溶解而使血钙浓度保持稳定。

（3）其它。在传染性支气管炎的多发地区，建议 4 日龄对进行首免，并稍迟给青年鸡饲喂高钙日粮。充分混合饲料，特别是钙和维生素 D3。保证饲料不被霉菌污染，存放在干燥的地方。对于笼养鸡，要经常检查饮水系统，确保鸡只能喝到水。使用水软化剂可降低水的硬度，从而降低禽痛风病的发病率。

6.临床用药指南

（1）西药疗法。

目前尚没有特别有效的治疗方法。可试用阿托方（Atophanum，又名苯基喹啉羟酸）0.2 ~ 0.5 g 每日 2 次，口服；但伴有肝、肾疾病时禁止使用。此药是为了增强尿酸的排泄及减少体内尿酸的蓄积和关节疼痛。但对病重病例或长期应用者有副作用。有的试用别嘌呤醇（Allopurinol，7-碳-8 氯次黄嘌呤）10 ~ 30 mg，每日 2 次，口服。此药化学结构与次黄嘌呤相似，是黄嘌呤氧化酶的竞争抑制剂，可抑制黄嘌呤的氧化，减少尿酸的形成。用药期间可导致急性痛风发作，给予秋水仙碱50～100 mg，每日3次，能使症状缓解。

近年来，对患病家禽使用各种类型的肾肿解毒药，可促进尿酸盐的排泄，对家禽体内电解质平衡的恢复有一定的作用。投服大黄苏打片，每千克体重1.5片（含大黄0.15 g，碳酸氢钠0.15 g），重病鸡逐只直接投服，其余拌料，每天2次，连用3天。在投用大黄苏打片的同时，饲料内添加电解多维（如活力健）、维生素AD3粉，并给予充足的饮水。或在饮水中加入乌洛托品或乙酰水杨酸进行治疗。

在上述治疗的同时，加强护理，减少喂料量，比平时减少20%，连续5天，并同时补充青绿饲料，多饮水，以促进尿酸盐的排出。

（2）中草药疗法

①降石汤：取降香3份，石苇10份，滑石10份，鱼脑石10份，金钱草30份，海金砂10份，鸡内金10份，冬葵子10份，甘草梢30份，川牛膝10份。粉碎混匀，拌料喂服，每只每次服5 g，每天2次，连用4天。说明：用本方内服时，在饲料中补充浓缩鱼肝油（维生素A，维生素D）和维生素B12，病鸡可在10天后病情好转，蛋鸡产蛋量在3～4周后恢复正常。

②八正散加减：取车前草100 g，甘草梢100 g，木通100 g，扁蓄100 g，灯芯草100 g，海金沙150 g，大黄150 g，滑石200 g，鸡内金150 g，山楂200 g，栀子100 g。混合研细末，混饲料喂服，1 kg以下体重的鸡，每只每天1～1.5 g，1 kg以上体重的鸡，每只每天1.5～2 g，连用3～5天。

③排石汤：取车前子250 g，海金沙250 g，木通250 g，通草30 g。煎水饮服，连服5天。说明：该方为1000只0.75 kg体重的鸡1次用量。

④取金钱草20 g，苍术20 g，地榆20 g，秦皮20 g，蒲公英10 g，黄柏30 g，茵陈20 g，神曲20 g，麦芽20 g，槐花10 g，瞿麦20 g，木通20 g，栀子4 g，甘草4 g，泽泻4 g。共为细末，按每羽每日3 g拌料喂服，连用3～5天。

⑤取车前草60 g，滑石80 g，黄芩80 g，茯苓60 g，小茴香30 g，猪苓50 g，枳实40 g，甘草35 g，海金沙40 g。水煎取汁，以红糖为引，对水饮服，药渣拌料，日服1剂，连用3天。说明：该方为200只鸡1次用量。

⑥取地榆30 g，连翘30 g，海金砂20 g，泽泻50 g，槐花20 g，乌梅50 g，诃子50 g，苍术50 g，金银花30 g，猪苓50 g，甘草20 g。粉碎过40目筛，按2%拌料饲喂，连喂5天。食欲废绝的重病鸡可人工喂服。说明：该法适用于内脏型痛风，预防时方中应去地榆，按1%的比例添加。

⑦取滑石粉、黄芩各80 g，茯苓、车前草各60 g，猪苓50 g，枳实、海金砂各40 g，小茴香30 g，甘草35 g。每剂上下午各煎水1次，加30%

红糖让鸡群自饮，第 2 天取药渣拌料，全天饲喂，连用 2 ~ 3 剂为一疗程。
说明：该法适用于内脏型痛风。

⑧取车前草、金钱草、木通、栀子、白术各等份。按每只 0.5 g 煎汤喂服，连喂 4 ~ 5 天。说明：该法治疗雏鸡痛风，可酌加金银花、连翘、大青叶等，效果更好。

⑨取木通、车前子、瞿麦、蒿蓄、栀子、大黄各 500 g，滑石粉 200 g，甘草 200 g，金钱草、海金砂各 400 g。共研细末，混入 250 kg 饲料中供 1000 只产蛋鸡或 2000 只育成鸡或 10000 只雏鸡 2 天内喂完。

⑩取黄芩 150 g，苍术，秦皮，金钱草，茵陈，瞿麦，木通各 100 g，泽泻，地榆，槐花，公英，神曲，麦芽，各 50 g，栀子，甘草各 20 g 煎水服用，渣拌料 3 ~ 5 天可供 1000 只大鸡服用。

参考文献

[1] 郑世军主编，现代动物传染病学．北京：中国农业出版社，2013

[2] 陈小浒，家禽常见防治新技术，南京：南京出版社，2011

[3] 柳汉镇，产蛋鸡饲养管理指南，韩国：大韩养鸡协会（财团法人），2006

[4] 卢宣浩，新养鸡营养学，韩国：新光都市出版社，2001